本書榮獲

國立國父紀念館評選出版碩士論文獎勵
國家發展委員會檔案管理局國家檔案應用獎勵

1941-1945

陳頌閔

——

著

太平洋戰爭時期
中美軍事合作下
的航空教育

飛上青天

during
the Pacific
War

Sino-American
Aviation Education
Cooperation

封面圖片｜中國空軍官校赴美受訓的轟炸科學生，正接受美籍教官教導如何規劃航空
　　　　圖。未戴耳機之中國軍官為翻譯官，負責將美籍教官的教學轉述為中文給
　　　　戴耳機的學生。
圖片來源：特別感謝周皓瑜先生授權提供。

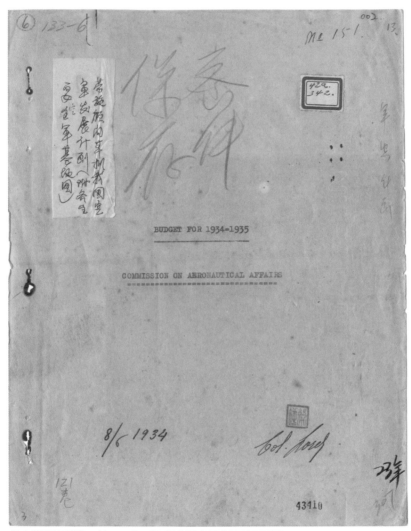

義大利顧問勞第，於1934年8月6日草擬中國空軍發展計畫
義大利空軍顧問團由勞第（Roberto Lordi）將軍領導組成，人員均為義大利現役空軍軍官。主要成就是建立南昌航校、中央航空學校洛陽分校及協助建設南昌飛機製造廠。
檔案來源：國史館。典藏號：002-080102-00088-002。

5

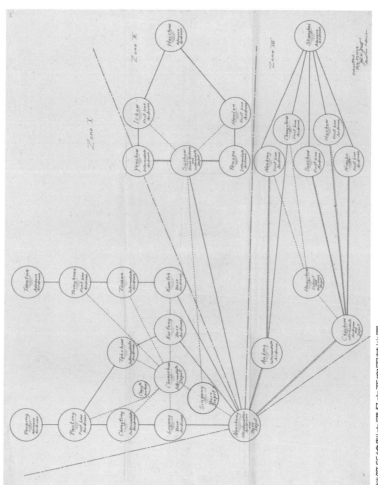

勞第所繪製中國各主要空軍基地圖。
檔案來源：國史館。典藏號：002-080102-00088-002。

JOHN H. JOUETT
Aviation Adviser
National Government of The Republic of China

2231   6679

Central Aviation School,
Shien Chiao, Hangchow,
May 26th, 1935.

His Excellency,
Generalissimo Chiang Kai-Shek,
Nanking.

Sir:

　　　　There is enclosed herewith an English version of my book entitled
"Air Defense", which I have written solely for you. It represents my thoughts
upon the development of aviation in China, based upon a military aviation
experience of nineteen years, three of which have been spent in China. I
earnestly and respectfully urge that you read this book in its entirety. A
Chinese translation is being prepared by the Military Attache in Peiping,
which I hope will get to you soon. I have made every effort to keep this
book as concise and short as possible, with the result that many extremely
important points, although mentioned, have not been given as much space as
they deserve.

　　　　It has been a matter of grave disappointment to me that I have
not been permitted to act fully in the capacity of Aviation Adviser to you.
I have felt all along that my value to China would have been much greater
had a full use been taken of my knowledge. Unfortunately, for the past year
and a half I have been caused to confine my work to the Central Aviation
School whereas my efforts might better have been devoted more to the development
of the fighting force.

　　　　I sincerely hope that this book which I have written for you will
be of real use and benefit. It was written solely for that purpose and written
for you alone. I am leaving China very shortly and, once more, wish to re-
iterate as strongly as possible the great need of China for an efficient Air
Force and the great necessity of building it up to the highest peak of ef-
ficiency. I can see no reason why China should not have an Air Force equal
in efficiency to any in the world. The youth of China can be taught to fly
as well as the youth of any other nation, and with this to go on, China can
have an Air Force second to none. I earnestly and sincerely hope that China
will not be satisfied with the development of a mediocre Air Force. The young
pilots being turned out by the Central Aviation School have been well trained,
but this training will count for naught if progressive training in Squadrons
is not carried out with great firmness and determination, following a positive
proven system.

　　　　It has given me deep pleasure to have worked with your fellow
countrymen for the past three years. I leave China with the distinct feeling
of sadness, because of the associations which must be severed.

　　　　　　　　　　　　　　　　　Very respectfully,

　　　　　　　　　　　　　　　　　JOHN H. JOUETT

JHJ:aw
　　　　　　　911

美國顧問裘偉德對中國航空改革建議書。
裘偉德出身美國陸軍航空學校，曾在美國陸軍航空服務二十年，上校退役。1932年5
月，他接受中國政府的聘僱後，從美國陸軍航空學校中，挑選飛行教官、機械師、航
空軍醫同至中國。1932年7月來華，以美國陸軍航空學校的教程為藍本，為中央航空
學校建立了一套美式訓練。
檔案來源：國史館。典藏號：001-070000-00005-002-010。

JOHN HAMILTON JOUETT

6679

His Excellency,
Generalissimo Chiang Kai Shek,
Nanking.

Dear Generalissimo Chiang Kai Shek:

I have this date, with due
ceremony, been presented with the decoration which signifies
the great honor which has been accorded me in conferring upon me
the Order of the Jade.

I wish to express to you my
heartfelt thanks. I want you to know that my efforts in China
to assist you in the development of National Defense have been
of the deepest pleasure and my associations with you and others
in authority so uniformly pleasant that I shall retain the memories
of them through life.

I want you to know the honor
that I have felt in being associated with you and Madame Chiang Kai
Shek in the great work which you have undertaken and have so nobly
accomplished.

Very respectfully,

John H. Jouett

May
Twenty-fifth,
1 9 3 5.

913

美國顧問裴偉德寫信給蔣中正，並於信中提及蒙獲贈贈碧玉勳章，無任榮幸，將並肩籌
劃國防建設。
檔案來源：國史館。典藏號：001-070000-00005-002-012。

2235

若僕之學識能盡量利用，深信為中國服務之機會必較多于此，所可惜者，在過去一年半中，僕之工作僅限于中央航空學校範圍，其實若將僕之力量用于航空戰鬥方面之建設更為合宜，僕深望焉。

鈞座所著之書能蒙真實採用，僕實稗益，蓋此即僕著書之原意，而此書之所以專為鈞座而作之意也。僕不久即將離華，故欲再竭力大聲疾呼，中國最大需要係有力之空軍，且須將空軍建設至最高有效程度，僕不知有何理

2234　　　6679

委員長鈞鑒、敬肅者、茲呈上英文拙著
一本名曰「防空」此書係僕專為
鈞座而作。僕有九年軍事航空經驗、其中有
三年時間立中國。此書基于此經驗可以表
明僕對于中國航空建設之意見。故敢誠意懇
鈞座將全書一讀。中文譯本現由北平軍事參
贊速譯。不久想可寄呈。
鈞覽。僕已竭力將書中內容刪繁就簡。故
結果許多委點尚不能盡情詳述。僕為
鈞座航空顧問、不克盡其所長、殊感失望、

30046　　014

美國顧問裘偉德對中國航空改革建議書（閱讀次序：頁9→頁8）
檔案來源：國史館。典藏號：001-070000-00005-002-013、001-070000-00005-
002-014。

2236

由謂中國空軍未能與世界各國並駕齊驅、中國青年

可以訓練飛行實與他國青年無異如此則中國

空軍不應落人之後僕誠意希望中國多以他建

設一中華空軍為滿足中央航空學校所產生之

青年飛機師固已受良好訓練若更堅決之繼

續訓練更求深造則原有之訓練可事于零僕

主過去三年中襄與

貴國人士共事殊為欣幸今旦脫離不覺偌

增惆悵耳專肅祗頌

鈞祺

裴雒德謹啟 五月廿六日

美國顧問裴偉德對中國航空改革建議書
檔案來源：國史館。典藏號：001-070000-00005-002-015。

公報委会

宋部長鈞鑒、茲啟者、僕近來所得

貴國消息甚少未悉近況何似、但願航空建設日

進無疆耳、僕立中國時曾竭力向最高長官建議、

以為中國空軍應注重發展戰鬥隊、僕離華時

航空學校辦理殊為滿意、唯戰隊之統一有秩序

的訓練似嫌不足、些美國訓練西言、航空學校

畢業生、無論為何、優異若未經過至少十八

但月之戰鬥隊訓練、不能算為有統幹之戰

學飛機師、戰鬥須依些計劃先善之課程受

訓練始能成就第一流軍事飛引人員、此項訓

忠

美國顧問裘偉德致財政部長宋子文書信

檔案來源：國史館。典藏號：001-070000-00005-005-001。

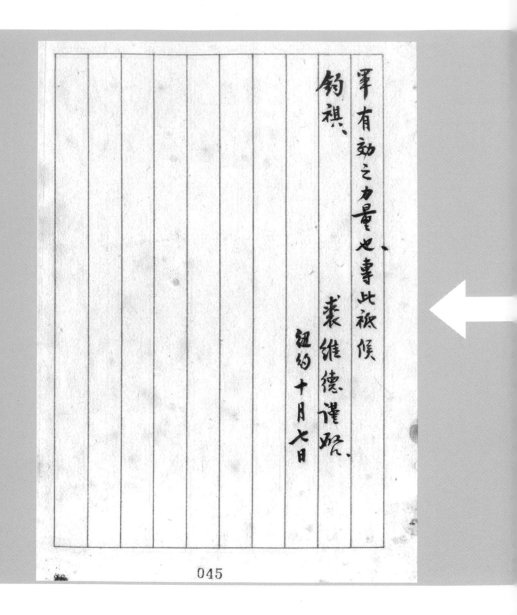

軍有效之力量也專此祇候

鈞祺、

　　　　裘維德謹啟、

　　　　紐約十月七日

練、現已由僕手中轉移于意人固為

鈞座所深知因意國訓練與美國訓練基本

不同故就關隊訓練自然不能接近字校訓練

之役應有訓練方法、

鈞座現興航空建設既多直接關係僕作此書

亦不自知其所以惟深知

鈞座對于航空事業深感興趣故乘此有機會興

委員長或其他航空當局談友航空問題俾

以此意貢獻使知就關隊保閖爭單位祇有

嚴密訓練使叺隊能合作始能完成中國空

美國顧問裴偉德致財政部長宋子文書信（閱讀次序：頁13→頁12）
檔案來源：國史館。典藏號：001-070000-00005-005-002、001-070000-00005-
005-003。

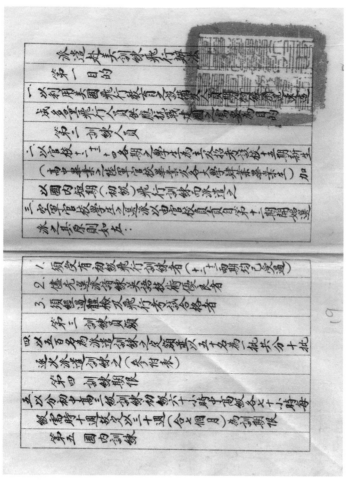

〈派遣赴美訓練飛行辦法〉

檔案來源：國家發展委員會檔案管理局〈空軍員生赴美訓練飛行案〉，《國防部史政編譯局檔案》，國家發展委員會檔案管理局藏。檔號：B5018230601/0030/410.11/3010.2。

姓名			籍貫	身分
張學祥	一	四	江蘇上海	空軍官校畢業修學生
程永學	一	一	湖北武昌	空軍官校畢業修學生
李勛勛	一	五	湖南安化	空軍官校畢業修學生
陶友魏	一	三	江西南昌	空軍官校畢業修學生
張大飛	一	四	遼寧遼陽	空軍官校畢業修學生
冷培樹	一	〇	山東臨朐	空軍官校畢業修學生
江漢修	一	一	湖北漢川	空軍官校畢業修學生
陳衍鑑	一	一	廣東	空軍官校畢業修學生
曾子武	一	三	廣東台海	空軍官校畢業修學生
呂學華	一	四	四川	空軍官校畢業修學生

姓名			籍貫	身分
丁教姻	一	二	湖北	空軍官校畢業修學生
法永昌	一	二	安徽	空軍官校畢業修學生
李其茹	一	七	廣東	空軍官校畢業修學生
全鉻	一	一	河南	空軍官校畢業修學生
周勛松	一	二	廣東	空軍官校畢業修學生
馮德彌	一	一	湖北	空軍官校畢業修學生
文美祚	一	二	江蘇	空軍官校畢業修學生
黃軒佟	一	三	廣東	空軍官校畢業修學生
蘇美海	一	四	廣東	空軍官校畢業修學生
孫明遠	一	一	河北	空軍官校畢業修學生

赴美受訓學生名冊（閱讀次序：頁13→頁12）

檔案來源：國家發展委員會檔案管理局〈空軍員生赴美訓練飛行案〉，《國防部史政編譯局檔案》，國家發展委員會檔案管理局藏。檔號：B5018230601/0030/ 410.11/3010.2。

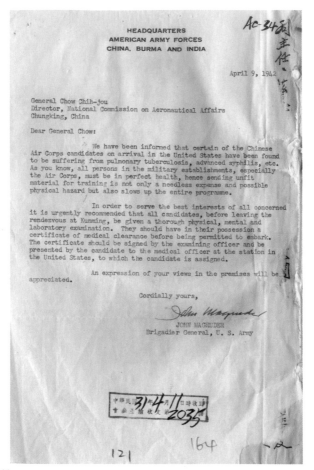

詳盡的體檢。

周（至柔）主任，中國航空生到達美國時發現患有肺病及梅毒，……為確保航空隊所有人員健康，且避免全盤訓練計劃延緩。……建議所有學員離開昆明前均進行詳細體格檢查。

馬格魯德

1942年4月9日

檔案來源：國家發展委員會檔案管理局〈空軍員生赴美訓練飛行案〉，《國防部史政編譯局檔案》，國家發展委員會檔案管理局藏。檔號：B5018230601/0030/410.11/3010.2。

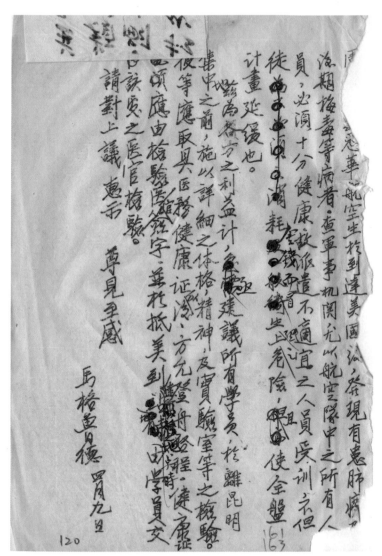

同……華……航空生於到達美國後，察現有患肺病、

淋期梅毒等病者。查軍事机関允以航空隊中之所有人
員，必須十分健康，故派遣不適宜之人員受訓示但
徒……必須……消耗……經費而有碍生命危險，譂而使全盤
計畫延緩也。

茲為各方之利益計，爰擬建議所有學員，於離昆明
患中之前，施以詳細之体格、精神、及實驗室等之檢驗。
彼等應取具医務健康証明，方允登舟啟程，迨健康証
明頭處由檢驗医鑑字，並於抵美到……時……學員安
全妥實之医官檢驗。

請對上議惠示

尊見至感

馬格查德 貳月九旦

120

161
163

檔案來源：國家發展委員會檔案管理局〈空軍員生赴美訓練飛行案〉，《國防部史
政編譯局檔案》，國家發展委員會檔案管理局藏。檔號：B5018230601/
0030/410.11/3010.2。

131

CHINESE AVIATION CADETS C 42-P
(PRIMARY TRAINING IN THUNDERBIRD AIRPORT)

SIX WEEKS SCHEDULE - DAYS PER WEEK

Daily Flying Periods　　　　　　Weekly Flying Time

Dual : 30 min.　　　　　　　　　Dual 3:00 hrs.
Solo : 1:30 hrs. approx.　　　　Solo 5:45

1st. Week

1. Induction　　　　　　　　　　2. Assignment to barracks
3. Draw ground school books　　4. Assignment to Instructors
5. Drew Flying Equipment　　　　6. Explanation of Instruments
7. Starting and Stopping of　　8. Familiarization flight
   Engine

　　　　　　　　　　　　　　　　Dual :30 min

2nd Week.

1. Straight & level flying　　　2. Gentle & medium turns
3. Confidence maneuvers　　　　　4. Climbing turns
5. Glides -gliding turns　　　　6. Course
7. Taxing　　　　　　　　　　　　8. "S" across road
9. Stalls - power on & off　　　10. Spins
11. Landing & Take Offs　　　　　12. Forced landings
13. Solo　　　　　　　　　　　　　Dual :5:00 hrs.
　　　　　　　　　　　Total　　　Dual :5:30 hrs.

3rd Week.

1. 1st. Check　　　　　　　　　　2. Review previous maneuvers
3. Solo　　　　　　　　　　　　　4. 90° Stage
5. Steep turns　　　　　　　　　　6. Elementary 8's
7. Chandelles　　　　　　　　　　8. X-Wind landings
9. Spins　　　　　　　　　　　　　10. Forced landings
　　　　　　　　　　　Total　Dual 8:30 hrs.
　　　　　　　　　　　Total　Solo 5:45 hrs.
　　　　　　　　　　　Total　Dual-Solo 14:15 hrs.

4th Week

1. Review previous maneuvers　　2. Gentle & medium turns
3. Steep turns　　　　　　　　　　4. Course
5. 180° side stage　　　　　　　　6. Chandelles
7. Lazy 8's　　　　　　　　　　　8. 180° overhead
9. 360° overhead　　　　　　　　　10. Pylon 8's
11. X-wind Landings　　　　　　　12. Spins
　　　　　　　　　　　Total　Dual 11:30 hrs
　　　　　　　　　　　Total　Solo 11:30 hrs
　　　　　　　　　　　Total Dual-Solo 23:00

5th Week.

1. 2nd. Check-review previous　　2. Chandelles　　3. Lazy 8's
   maneuvers　　　　　　　　　　　4. Pylon 8's　　5. Loops
6. Vertical reverses　　　　　　　7. Half Rolls　8. Snap rolls
9. X-wind landings　　　　　　　　10. Spins　　11. Forced landings
　　　　　　　　　　　Total Dual 14:30 hrs
　　　　　　　　　　　Total Solo 17:15 hrs
　　　　　　　　　　　Total Dual-Solo 31:45

6th. Week.　　Final

1. Review previous maneuvers　　2. Chandelles　　3. Lazy 8's
4. Lazy 8's　　　　　　　　　　　5. Loops　　　6. Vertical Reverses
7. Half rolls　8. snap rolls　　9. slow rolls　10. Immelman turns
11. X-wind landings　12. Spins　13. Forced landings
　　　　　　　　　　　Total Dual　17:30 hrs
　　　　　　　　　　　　　Solo　23:00 hrs
　　　　　　　　　　　Total Dual-Solo 40:30

150　　　　　　　　151

雷鳥機場（Thunder Bird Field）訓練實施的初級飛行訓練計劃表
檔案來源：國家發展委員會檔案管理局〈留美學員受訓報告〉，《國防部史政編譯局
　　　　檔案》，國家發展委員會檔案管理局藏。檔號：B5018230601/0031/410.
　　　　11/7760。

HEADQUARTERS
OFFICE OF THE DIRECTOR OF TRAINING
AIR CORPS ADVANCED FLYING SCHOOL NO. 7
Chandler, Arizona

Training Schedule - Basic
All Sections

CHINESE STUDENTS
(Five Weeks' Course)

CLASS C 42-F

Week	Hrs.	Instruction
1st Week Feb. 9 Feb. 15	8	a. Transition, including Banks, Climbs, Glides, Eights, Spirals, Stalls and Spins. (Stall and Spins with power on and off). b. Forced landings. c. solo and 90° approaches.
2nd Week Feb. 16 Feb. 22	13	a. Review first week. b. 90° appoaches (accuracy). c. Chandelles. d. Continue Forced landings. e. Instruments. f. Progress check.
3rd Week. Feb. 23 Mar. 1	13	a. Review previous instruction. b. Instrument. c. Night Flying, first phase. d. Lazy eights, pylon eights dual only. e. Acrobatics. 30 minutes dual.
4th Week. Mar. 2 Mar. 8	13	a. Review. b. Instrument. c. 180° degree side approaches. d. Night flying, first and second phases. e. Formation f. Navigation. g. Acrobatics, 30 minutes. h. Proficiency check.
5th Week. Mar. 9 Mar. 15	13	a. Review. b. Instrument. c. Formation. d. Instrument check. e. Navigation. f. Night Flying. g. Acrobatics - completed.
Total	60 Hrs.	

MINIMUM REQUIREMENTS FOR BASIC CURRICULUM:

Dual (min.)	25 Hours
Night	3 "
Instrument	5 "
Acrobatics	2 "
Formation	5 "
Navigation	5 "
Air Work Solo (Max.)	15
TOTAL	60 Hours

雷鳥機場（Thunder Bird Field）訓練實施的中級飛行訓練計劃表
檔案來源：國家發展委員會檔案管理局。〈留美學員受訓報告〉，《國防部史政編譯局檔案》，國家發展委員會檔案管理局藏。檔號：B5018230601/0031/410.11/7760。

財政部用牋

茲擬定計劃草業，行之可得左列成績

五月十七日

(一)教練已有相當訓練之飛機師六十人，使更求

　選並於每六個月內畢業飛機師一班

　共五十人，六個月內之訓練共分初級訓練六

　十八時基本軍事訓練四十小時及高級軍事訓

　練十五小時如美國最新之擲彈法射擊

　比偵察法空中望相比無線電等以上一百

　十五小時以外，再加以八十五小時之實習（全部

裘偉德航空訓練計畫草案及經費預算
檔案來源：國史館。典藏號：002-080102-00088-007。

財政部用箋

五月九〇

中華民國廿六年五月九日

裘偉德上校（Colonel John Jouett）原任美國航空

總習令部充當教練後任航空全隊人員暨

理主戰、協助訓練該員況蕭果教保得人以

行政駕駛、辦些深造美國航空部全辦人員

吳其他熟諳該員素為不少謀加最優良之航

空教官，部人遍求美國充職久林，敢力保中

國航空團教練之戰實以該員為最相宜，在近

期内該員將有航空訓練計劃草案擬呈。

43412

裘偉德航空訓練計畫草案及經費預算（閱讀次序：頁21→頁20）
檔案來源：國史館。典藏號：002-080102-00088-007。

財政部用牋

三人、飛機教授一律為大學畢業生而又畢

業於美國航空學校目苛為平民、而曾在

美國陸軍中正式服務至少杜健績二年半

以上者、

以下為航空訓練之經費預算（就中國現有之軍用飛機而定）

每年費用不出美金　　元、分列如左、

(一)教練人員薪金美金十萬零二百元、

(二)飛行訓練費用美金六萬八千五百五十元

財 政 部 用 箋

課程共需二百小時）可得運輸等級（transport rating）

之資格。

(二)改組現有之各種制度。

(三)總教練可依中國政府之請托改組空軍、並於華員代擬籌、

總教練充軍事航空顧問之職、

(四)除總教練外須聘下列人員襄助(甲)助理二人(乙)飛機教授七人(丙)機醫四人(丁)打字員

右｜中美合作畫報，上圖「種瓜得瓜，種豆得豆」；下圖寫著美國人永遠不會忘記幫
　　助他們的人。
左｜血幅。
圖片來源：https://shihlun.tumblr.com/post/133461485114/this-leaflet-to-the-
　　chinese-depicts-an-american

上｜空軍軍官學校昆明時期校門。
圖片來源：卓文義，《空軍軍官學校沿革史》（岡山：空軍軍官學校，1989年），
　　　　頁17。

下｜空軍軍官學校印度臘河時期校門
圖片來源：卓文義，《空軍軍官學校沿革史》（岡山：空軍軍官學校，1989年），
　　　　頁18。

上｜中國學員每日上午7時30分早點名後開始接受訓練，他們住在與美國學生相似的
　　宿舍，操作著相同的飛機。
圖片來源：Lael Laird, "Life's Reports: The R.A.F.", *LIFE*, 12:18 (May 1942), p59.

下｜空氣動力學課程。黑板上使用英文和中文兩種文字書寫，訓練基地的擴音器亦採
　　用兩種語言發布公告。中國籍學生在課堂上比其他國籍的學生更為專注。
圖片來源：Lael Laird, "Life's Reports: The R.A.F.", *LIFE*, 12:18 (May 1942), p59.

上｜於飛行前準備室。雷鳥基地（Thunder Bird Field）的飛行教官O.E. Gates在中
　　國學生駕駛飛機前，向他們講授飛行前的最後指令。檔案可見譯員（右一）將指
　　令翻譯成學員能聽懂的中國方言。
圖片來源：Lael Laird, "Life's Reports: The R.A.F.", *LIFE*, 12:18 (May 1942), p60-61.

下｜沈德燮將軍為結訓學員楊少華掛上飛行勳章，鹿克飛行場（Luke Field，亦作
　　「路克飛行場」，即「路克空軍基地」Luke Air Force Base的前身）禮堂牆上可
　　見中華民國國旗與美國國旗並列。
圖片來源：Lael Laird, "Life's Reports: The R.A.F.", *LIFE*, 12:18 (May 1942), p60.

上｜1945年3月24日，蔣中正、宋美齡與第十四航空隊隊長陳納德，於昆明合照。
檔案來源：國史館。典藏號：002-050101-00005-032。

下｜1945年3月24日，國民政府主席蔣中正主持美國第十四航空隊座談。
檔案來源：國史館。典藏號：002-050101-00005-036。

上｜1958年1月9日，裴偉德與蔣中正於士林官邸合影。
檔案來源：國史館。典藏號：002-050101-00030-278。

下｜1958年1月9日，裴偉德與蔣宋美齡於士林官邸合影
檔案來源：國史館。典藏號：002-050101-00030-277。

序

　　二十世紀初飛行器的發明是全球科技文明史的重要一頁。1903 年萊特兄弟（Wright Brothers）將滑翔機翼安裝使用汽油動力的螺旋推進器，成功的載人飛行，被廣泛譽為現代飛機的發明者。此後歐美先進國家不斷改良新式航空器，航空事業迅速開展開來。一次大戰期間單薄脆弱的上單翼輕型飛機，一問世便展現在戰場的威懾力，各國乃紛紛購買飛機，訓練人員，致力發展於軍事用途。而在中國飛行器的製造，最早可能是馮如（1883-1912），他先在舊金山奧克蘭駕駛馮如 1 號成功試飛，並成立公司，後來將整個公司與技術、設備等全數轉移至中國，不幸的是，1912 年馮如在一次試飛中，墜機身亡。繼馮如之後，民國初年的共和政府或各地軍閥政權都意識到航空事業的重要性，不惟是商業交通，更重要的是用於戰爭的偵察和攻擊。儘管中國的航空事業發展遠不如歐美先進國家，但民國以來對於航空事業的發展早已有所認識，並開始萌芽出「航空救國」的理念。

　　民國初年不論是北京的中央政府、廣州政府或地方軍閥派系都對航空事業或空軍的規劃懷抱遠見，例如奉系的軍隊在

日本的幫助下，建立了頗有實力的航空部隊。一次大戰結束後，北洋政府國務院航空署統合軍民航事宜，由英國提供的飛艇借款，開始規劃了中國境內的航線。孫中山很早就意識到航空事業的重要性，1913 年孫中山在反對袁世凱的「二次革命」失敗後，在日本滋賀縣設立「中華革命黨航空學校」，此後孫中山曾在美國芝加哥創設「中國民智航空社」，後來在廣東亦成立有航空學校。1920 年代以後各種愛國主義的呼聲扶搖直上，「航空救國」的口號被喊得陣天價響，發展航空事業和新式空軍成為二十世紀初中國人「飛上青天」的榮懷夢想。南京政府成立後，繼續推動航空學校和航空訓練，但是要到 1941 年底太平洋戰爭爆發後，中美兩國攜手航空教育的合作，始啟動了中國近代航空軍事史的關鍵時刻。在太平洋戰爭的砲火聲中，中國派遣空軍軍官學校學生到美國接受航空教育，學習美式航空訓練及駕駛新式飛機，其目的即為建立中國本土空軍，加強中國空軍的作戰能力。

上述這些近代中國航空事業與世界接軌的意含，為本書《飛上青天——太平洋戰爭時期中美軍事合作下的航空教育》提供一個宏觀的歷史脈絡。關於近代中國空軍史或航空史的發展已有不少研究，但對於如何訓練飛行員、空軍人才和航空教育知識的養成，在過去並未有充分的研究。本書是作者陳頌閔於 2020 年 7 月獲國立政治大學歷史研究所的碩士學位論文，經過仔細修訂而成。這本書細緻梳理了 1920 年代以來

近代中國發展航空教育的經過、1930年代中央空軍的組建與美國顧問的參與角色、太平洋戰爭時期空軍官校學生赴美學習與訓練、中國空軍美式航空教育的主流化。通過本書我們可以了解太平洋戰爭時期中美兩國因軍事合作的結盟，所反映在空軍飛行員的緊急需求，因而有空軍健兒赴美培訓。但我們也可以了解這一合作並非突然，本書仔細將這一合作淵源上溯至1920年代，當時中國空軍飛行訓練正徘徊在義式訓練或美式訓練中，而最終選擇了美式訓練。這一抉擇的結果若以後見之明看來是正確的，它適為太平洋戰爭爆發後美國協助中國培育空軍人才提供了先驗的基礎。通過本書我們還可以看到1930年代中國航空教育，先有德、美、義等國外籍顧問參與，其中美籍顧問團參與中央航空學校的建置，深刻影響近代中國空軍教育發展。本書也深入梳理了1937年第二次中日戰爭爆發後，中央航空學校輾轉遷至雲南昆明，後來定名為「空軍軍官學校」的發展歷程。及至太平洋戰爭爆發後，中美兩國航空教育再起合作，這些赴美受訓的年輕飛行員在快速培訓後，大多投入戰場，展現一代優秀青年的體魄、技能知識和強烈的愛國情操。赴美受訓的員生有兩個特點：一是受訓人數眾多、二是受訓科目完整。這些員生返國後，一方面引入美式航空訓練知識；一方面也促成「中美空軍混合團」（Chinese-American Composite Wing）成立。從作者所專注的航空教育而言，這一合作不僅限於戰場的合作，對日後

中國航空知識的提昇和航空教育的專業化帶來長遠的影響，
更使得美式航空教育成為空軍發展的主流。

　　由於航空技術是一種特有的專業技術和知識，美國軍事和
技術專家在近代中國發展航空事業中，扮演了極其重要的媒
介，但過去的研究並未突顯這一部分。本書將這一論題置於
中美關係的視域中，對我們了解近代中國航空教育史和中美
關係提供了一個重要的脈絡發展。本書在修訂的過程中，頌
閔增補了大量的原始檔案資料，文字內容已比原來的碩士學
位論文更加豐富而完善。同時又盡力蒐集了一些中國軍事人
員赴美飛行訓練或美國教官擔綱訓練航空訓練課程以及中美
雙方人員的合影，這些珍貴照片主要來自國家發展委員會檔
案管理局和國史館，使本書文圖並茂。目前讀者所看到的這
一版本，主要是頌閔個人孜孜不輟努力修訂出的成果。本人
忝為作者碩士學位的指導教授，看著頌閔一路走來的辛苦耕
耘和堅定的毅力，閱讀本書深感作者的勤勉用功和勇於突破
的自我要求，這是作者進入學術領域的初試鶯啼。主標題帶
有「我要飛上青天」的意含，則來自多年前師生在討論碩士
論文時我的一時發想和對這段中美航空合作歷程之致敬。期
待他日後持續在航空教育和空軍史的研究不斷精進，翱翔於
學術的無際天空。謹以此為序。

國立臺灣師範大學歷史學系教授　吳翎君

2023 年 8 月 12 日

目次
CONTENTS

表目次
CONTENTS

01
CHAPTER

緒論

第一節　研究動機

　　2022 年 9 月 4 日，《聯合報》報導入祀碧潭空軍烈士公墓的兩千五百多名烈士中，包括了八十年前在美國受訓時不幸因機械故障或人為疏失而失事捐軀，其「墓葬在美國的空軍官校學員，共有 58 人。還有十多名受訓結束後搭機返國準備參加對日作戰，運輸機卻不幸在駝峰航線失事的飛行員，還有更多抗戰時因公殉職的空軍地勤人員等。」[1] 這則報導指的是 1940 年代中國派遣「空軍軍官學校」（以下簡稱空軍官校）員生分批赴美訓練、學成返國獻身抗戰期間不幸罹難的飛行員。[2] 而這段沉寂已久的歷史，也因報導才又被喚起。

　　關於太平洋戰爭時期的中美航空合作，我們首先想到的大多是 1941 年陳納德（Claire Lee Chennault, 1893-1958）籌組的「美國志願大隊」（America Volunteer），以及 1943 年美國決定在中國戰區投入更大的空中武裝力量而成立的「第十四航空隊」

---

[1]　〈把歷史找回來——民間與軍方合作8年入祀2600空軍烈士〉，《聯合報》，臺北，2022年9月4日。網址：https://udn.com/news/story/10930/6587664（2022年10月30日點閱）。

[2]　空軍軍官學校建校簡易沿革：1928年10月，「中央陸軍軍官學校航空隊」成立；1929年6月7日，改組為「中央陸軍軍官學校航空班」；1931年4月14日，中央陸軍軍官學校航空班脫離陸軍官校。同年7月1日改組為「軍政部航空學校」；1932年9月1日「中央航空學校」成立。1938年7月28日，中央航空學校奉令改名「空軍軍官學校」。故，本書討論之受訓對象，於1941年赴美受訓時，為空軍軍官學校學生。參見卓文義，《空軍軍官學校沿革史》（岡山：空軍軍官學校，1989年），頁197-206。

（14th Air Force）。[3] 這段中美軍事合作的英勇事蹟，多被後人傳誦，其實在美國志願大隊之前，中美之間已透過其他方式進行合作，「航空教育」即是最直接的證明。[4] 1941 年，中國空軍開始分批赴美國訓練，大量航空學校學生被派遣赴美訓練，其目的即為建立中國本土空軍，加強中國空軍的作戰能力。

　　1940 年代前後，中國空軍作戰能力究竟如何？從陳納德的回憶錄中，記述某航空隊轟炸上海後返航的情形，或可窺見一二：[5]

> 機隊盤旋降落之時氣象條件非常好，第一位飛行員衝過頭，墜毀在稻田之中。第二位飛行員一頭栽到地面，化成一團熊熊火焰。第三位飛行員安全降落，但第四位飛行員卻撞上正在火速趕往墜毀飛機滅火的消防車。十一架飛機之中有五架毀於著陸之時，四名飛行員罹難。

---

[3]　最新研究詳見：Daniel Ford, *Flying Tigers: Claire Chennault and His American Volunteers, 1941-1942*. Australia:Warbird Books, 2016.

[4]　航空教育，在抗戰以前，分為部隊訓練及學校教育兩種。部隊訓練，分為轟炸隊教育、偵察隊教育、驅逐隊教育、攻擊隊教育諸種，均以熟習在作戰上應有之科目，隨時隨地，皆以抗敵禦侮為目的。學校教育，則分為飛行軍官教育、偵察軍官教育、機械軍官與軍士教育諸種。學校教育以培養專才為主旨。本文所指航空教育，係就近代中國航空學校中的飛行軍官教育為討論核心。請參見：國防部史政編譯局編印，《國民革命建軍史》〈第三部：八年抗戰與戡亂（一）〉（臺北：國防部史政編譯局，1993年），頁591。

[5]　陳納德（Claire Lee Chennault），陳香梅譯，《陳納德將軍與中國（*Way of a Fighter: The Memoirs of Claire Lee Chennault*）》（臺北：傳記文學出版社，1978年），頁60。

　　從上述文字中可知，1937 年中國空軍的飛行技術相當不成熟，縱使在良好的氣候環境下，能否安全降落機場仍是一大挑戰。1937 年 10 月，陳納德更指出中國空軍已到了「智窮力竭」的地步，中國飛行員猶如「狩獵場裡一串串前仆後繼的鴨子」。[6]

　　第一次世界大戰之後，制空權和空軍的重要性早為軍事史家所倡議。義大利空軍戰略家朱里奧・杜黑（Giulio Douhet, 1869-1930）所著《制空權》一書提到，在戰爭中奪取制空權是贏得戰爭勝利的必要條件，喪失制空權就意味著失敗。[7]美國空權思想倡導者、美國空軍之父米契爾（Willam Billy Mitchell, 1897-1936）在《空防論：現代空權的發展與遠景》一書中，闡釋空中力量對國防和國家政策的影響，認為空軍是未來戰爭的決定性力量。[8]空軍在現代戰爭中的重要性不言可

---

[6]　史景遷（Jonathan D. Spence）著，溫洽溢譯《改變中國（*To Change China: Western Advisers in China, 1620-1960*）》（臺北：時報文化，2015年）。

[7]　朱里奧・杜黑（Giulio Douhet）著，中文譯名《制空權（*The Command of The Air*）》（北京，中國人民解放軍出版社，2004年）。朱里奧・杜黑（Giulio Douhet, 1869-1930），1921年完成《制空權》一書，是世界上首部空軍理論，該書闡述建設空軍和使用空軍的思想，主張空軍「大轟炸主義」並創立制空權理論。

[8]　米契爾（Willam Billy Mitchell）著，唐恭權譯，《空防論：現代空權的發展與遠景（*Winged Defense: The Development and Possibilities of Modern Art Power Economic and Military*）》（新北市：八旗文化，2018年）。米契爾（Willam Billy Mitchell, 1879-1936）是空權思想倡導者，美國空軍之父，1898年加入美國陸軍，歷經步兵、通信、運輸等兵科職務。1916年開始學習飛行，曾以飛行員身分參與第一次世界大戰，1918年陞任准將。

喻，雖然孫中山（1866-1925）大力鼓吹「航空救國」，[9]事實上相較於西方國家，中國空軍發展仍顯得十分緩慢。[10]隨著戰爭的爆發，空中戰場的積弱不堪，迫使中國亟欲建置屬於自己的空中勁旅。在太平洋戰爭爆發前，中國曾選派學生赴英國、德國、蘇聯及美國等國家學習各國的航空工程和飛行技術。杭州航空學校在 1930 年代成立後，立即聘請美國退役飛行人員擔任飛行教官，採行美式軍事航空教育。航空委員會曾在 1934 年對於中國空軍人才究竟該赴美亦或赴義做過一場激烈辯論，最後為何選擇以美國作為學習對象？其過程及演變耐人尋味。

　　1929 年，國民政府頒布《陸海空軍留學條例》，空軍開始有留學制度，[11]從《東方雜誌》的報導可以看出，當時的空軍留學員生以大學為主要人才來源，從清華大學、交通大學中選拔學生，主要學習航空工程技術。1937 年、1939 年國民政府陸續修訂《陸海空軍留學條例》，將人才聚焦在軍事院校學生的選拔。到 1941 年，中美兩國的航空教育開啟新的形式。[12]派

---

[9]　孫中山（1866-1925），字逸仙，廣東香山人，中華民國尊為國父。Dr. Sun Yat-sen, the father of the Chinese Republic and the life and soul of the democratic Revolution of 1911.請參見：《中華民國名人傳》（北平市：上海書店，1936年），頁1；Jerome Cavanaugh, *Who's who in China (1919)*, (Hong Kong: Chinese Materials Center, 1982), pp. 10.
[10]　捷夫，〈空軍在現代戰爭中居於何種地位〉，《航空建設》，2：2（重慶，1945年），頁25-32。
[11]　《陸海空軍留學條例》，中華民國政府公報，第128冊，頁1。
[12]　「毛邦初電蔣中正」（1941年10月16日），〈空軍員生赴美訓練飛行案〉，《國

遣空軍軍官學校學生到美國接受教育與訓練，以接收美國新式
飛機及飛行訓練，同時並配合地勤維修人員之維修訓練。此一
新留學形式，其訓練情形、訓練內容及其訓練成效如何，赴美
學習航空的人員組成等，皆值得探討。

　　如何訓練中國飛行軍官，一直是國民政府迫切努力的目
標。然而，飛行員的訓練不僅需要足夠的飛行設備，更需要
有技術性的教官從旁指導。當時的中國空軍尚在草創階段，
航空基礎建設匱乏，遑論具豐富經驗的飛行教官。倘若沒有
這些飛行員赴美國接受航空訓練，以當時中國的飛行知識，
實無法進行有效的空軍戰略攻擊及飛行。這些赴美受訓的人
員有幾個特點：第一，受訓人數眾多。成建制地整批前往美
國進行訓練，其中以空軍官校 12 至 16 期飛行生為主，可以說
此時中國空軍飛行員皆接受美國飛行訓練。第二，受訓課目
完整。中國在航空教育資源，無論是硬體方面的飛機數量、
機場塔臺及飛機起降跑道等；或是軟體方面的先進知識，舉
凡航空氣象學、航空地理學、飛機機械原理等，均較為缺乏
及落後。這些赴美飛行生學習的內容，涵蓋所有與作戰相關
的課程，幾乎與美國陸軍航空隊作戰訓練相同。因此，這些
赴美進行訓練的飛行員，不只是窺視太平洋戰爭時期中美空
軍合作的案例，更重要的意義是這些飛行員歸國後，對日後

防部史政編譯局檔案》，國家發展委員會檔案管理局藏，檔號：0030/410.11/
3010.2。

空軍的發展有何影響？這些留美學員生將所學航空新知引進中國，形成一個新的航空群體，是值得深入探討的議題。

　　本書所討論的軍事航空教育，係以《租借法案》（Lend-Lease Act）為背景，以太平洋戰爭期間中美所進行的軍事航空制度、軍事航空教育與訓練為討論核心。取太平洋戰爭為時間斷限，主要原因為 1941 年第一批空軍軍官學校學生赴美，1945 年日本投降後，美國空軍人員陸續撤回，中美的軍事航空教育合作也告一段落；而「軍事航空教育」的建立是日後中國航空事業的重要基礎。空軍（Air Force）是以空中作戰為主要任務的軍種，實際上，軍事航空的範疇遠遠大於空軍的範疇，軍事航空不僅包含空軍，更包括其附屬機構。例如，軍事航空學校、管理空軍部隊的機構、飛機的設計製造機構等等。中國的航空事業發展，是隨著軍事航空事業的興起而發展，軍事航空教育可以說是中國航空事業的奠基石。[13]「中美軍事合作」和「航空教育」環環相扣，建構出專屬於 1941 年至 1945 年間中美航空教育的特殊光譜。因此，本書先就中美軍事合作和航空教育的相關研究進行分析；繼而簡單討論其發展歷程與歷史定位。

---

[13] 鄭文翰主編，《軍事大辭典》（上海：上海辭書出版社，1992年），頁461。航空（Aviation），係指人類利用飛行器在地球大氣層中從事飛行及有關的活動，軍事航空亦包含其中。軍事航空（Military aviation），是指用於軍事目的之一切航空活動。

第二節　研究回顧

　　在前人研究方面，中文學界早期對於中美關係、遠東國際政策等方面，已累積不少研究成果。[14] 近期最重要的中文學術著作為齊錫生所著《劍拔弩張的盟友：太平洋戰爭期間的中美軍事合作關係，1941-1945》。該書以「史迪威事件」作為全書發展主線，逐步梳理出中美在軍事合作所發生的衝突。書中大量運用了中英文檔案資料，包括新近開放的英美政府檔案和《蔣中正日記》。[15]

　　另外，對於討論抗戰時期中美軍事合作，相關著作有王正華的《抗戰時期外國對華軍事援助》，[16] 該書將抗戰時期的美國、蘇聯、德國、英國與法國等五個與中國有主要利害關係的國家作為討論對象。分別就軍火供應、軍事顧問派遣、軍隊裝備與訓練、軍事合作計畫之推展，以及貸款交涉等問題加以研討。對於中美軍事合作，首先分析美國的遠東政策，及對華外交的立場，並進一步討論美國在實施租借法案援華

---

[14] 魏良才，〈抗戰期間的中美關係〉，《近代中國》，60（臺北，1987年），頁137-162。王建朗，《抗戰初期的遠東國際關係》（臺北：東大圖書公司，1996年）；沈慶林，《中國抗戰時期的國際援助》（上海：上海人民出版社，2000年）；蘇啟明，〈抗戰時期的美國對華軍援〉，《近代中國》，64（臺北，1988年），頁134。

[15] 齊錫生，《劍拔弩張的盟友：太平洋戰爭期間的中美軍事合作關係，1941-1945》（臺北：聯經出版事業股份有限公司，2011年）。

[16] 王正華，《抗戰時期外國對華軍事援助》（臺北：環球書局，1987年）。

以後，充實中國空軍的過程。在史料方面，該書引證的資料，以中國國民黨中央委員會黨史委員會刊布《中華民國重要史料初編——對日抗戰時期》為主，同時使用國防部史政編譯局所藏的檔案，對空軍總部保存有關航空委員會的檔案有詳細的說明。

關於中國軍事航空發展

關於中國軍事航空發展之研究，早期較偏向航空史、軍事史等面向的討論。[17] 陳存恭認為 1906 年到 1928 年是中國航空的發軔時期，而 1929 年之後則是中國航空的發展時期。[18] 此外，劉鳳翰在《國民黨軍事制度史》書中，對於空軍的建設與發展有詳盡討論。[19] 內容包括北京政府時期的航空、護法軍政府與國民政府時期之空軍、航空委員會之空軍。同時對國共戰爭、行憲時期以及遷臺後空軍之整建都有涉略。

馬毓福《1908-1949 年中國軍事航空》對於 1908 年至 1949

---

[17] 關於空軍史的討論，請參見：劉維開，〈空軍與抗戰〉，國防部史政編譯局編《抗戰勝利四十週年論文集》上冊（臺北：國防部史政編譯局，1985年）；白化文，〈抗戰時期中日空軍作戰情況憶述〉，《鍾山風雨》，2007年第2期，頁19-20；顧學稼、姚波，〈美國在華空軍與中國的抗日戰爭〉，《美國研究》，1989年第4期。專論性質的討論，請參見：吳相湘，《第二次中日戰爭史》；梁敬錞，《史迪威事件》。

[18] 陳存恭，〈中國航空的發軔（民前六年至民國十七年）〉，《近代史研究所集刊》，7（臺北，1978年），頁371-420。

[19] 劉鳳翰，《國民黨軍事制度史》，（臺北：中國大百科全書出版社，2010年版）。

年的中國軍事航空進行較有系統的整理。[20] 全書分為 16 章，
對清政府、北京政府、南京政府各時期軍事航空的行政沿革、
教育訓練、武器裝備、航空維修、航空工廠等有詳盡討論，
但是對於中美軍事合作、航空教育等討論篇幅不多。姜長英
早年曾在中央航校擔任學科教官，所著《中國航空史》參考
大量的民間論述、期刊與文獻，主要由中國航空史料以及中
國近代航空史稿兩部分所組成，具有一定的參考價值。[21] 美中
不足的是，該書屬於通論性質介紹書籍，缺乏專論性的討論，
尤其對於航空教育的篇章觸及不多。值得一提的是，姜長英
在西北工業大學主辦《航空史研究》期刊，刊載了很多中國
近代航空留學生的自傳和回憶性文章，提供豐富的史料。[22]

　　在美國任教的中美關係學者許光秋所著 *War Wings: The United
States and Chinese Military Aviation, 1929-1949*，則是探討中國航空
發展的專著，[23] 將中國航空發展置於美國對華援助的脈絡，認
為中國航空活動是中美關係的主軸，惟其參考資料多以英文
為主，中文資料相當缺乏。

---

[20] 馬毓福，《1908~1949年中國軍事航空》，（北京：航空工業出版社，1994年）。

[21] 姜長英著，文良彥、劉文孝補校，《中國航空史》（臺北：中國之翼，1993
年）。

[22] 例如趙榮芳，〈中國第一個飛行員──張惠長〉，《航空史研究》，1（西安，
1994年）；許志成，〈赴美國學習的回憶──記第三批中轟炸機空勤機械士〉，
《航空史研究》，4（西安，1995年）；王子仁、胡昌壽、徐鑫福，〈四十年代
中後期兩支赴美學習名單〉，《航空史研究》，3（西安，2000年）。

[23] Guangqiu Xu, *War Wings: The United States and Chinese Military Aviation,
1929-1949* (Westport, Conn. : Greenwood Press, 2001).

在上述軍事、政治或經濟視角之外，還存在著另一種重要的研究路徑，即通過考察具體人物的角色與行為來觀照戰時美國租借援華、中國爭取美援甚至兩國租借關係的整體情況。

關於中美航空教育

從航空教育留學生的角度，觀察中美之間軍事合作的著作不多，翟永華所編著的《中國飛虎：鮮為人知的中美空軍混合聯隊》較具代表性，[24] 主要內容是中美空軍混合聯隊第一、三、五大隊的作戰經過，以及空軍官校第 12 期到 14 期赴美受訓的回憶錄，是一部研究中美空軍混合聯隊以及中美航空教育的重要參考著作。

齊錫生在《劍拔弩張的盟友——太平洋戰爭期間的中美軍事合作關係，1941-1945》一書中，關注中美兩國戰時軍事合作關係，對於中美航空教育的討論，非該書所重。書中使用了大量中英文檔案，史料基礎相當紮實，對於本書的研究有相當大的助益。

張興民的《從復員救濟到內戰軍運：戰後中國變局下的民航空運隊 1946-1949》，探討陳納德於戰後中國成立的民航公司，民航空運隊（Civil Air Transport, CAT）的發展。[25] 雖然與本

---

[24] 翟永華，《中國飛虎：鮮為人知的中美空軍混合聯隊》（臺北：知兵堂出版社，2008年）。
[25] 張興民，《從復員救濟到內戰軍運：戰後中國變局下的民航空運隊1946-1949》（臺北：國史館，2013年）。

書所關注的航空教育沒有直接的關係，但是關於中美之間空軍的合作有詳細的討論，對本書有相當幫助。以上各書均非側重1941 年至 1945 年中美航空教育發展，本書則以空軍官校第 12期到第 16 期學員生為主要群體，探討其在美留學情形、回國後的發展及其影響。

第三節　研究方法與材料

研究方法與範圍

①研究方法

　　本書之研究方法主要採取歷史文獻分析，配合其他相關回憶錄，進行探究。首先，採取歷史學之文獻蒐集、解讀及歸納等方式，收集官方與民間之各類型史料。其次，採取口述歷史的研究方法，蒐羅一般文獻中較少留下的直接紀錄或其生活經驗。但是此類個人生活材料，必須與同時期的文獻資料對照、結合，避免因個人之觀察、回憶可能與歷史事實有所出入，而造成錯誤。

②研究範圍與定義

　　本書探討太平洋戰爭期間中美雙方航空教育的合作，主要以空軍官校第 12 期至第 16 期學生赴美受訓、返國投入戰場為討論中心。所指的航空教育，係就近代中國航空學校中的飛

行軍官教育為討論核心。為討論中國航空教育之發展歷程，本書梳理自民國初年孫中山以降的中國航空教育。時間斷限方面，由於本書討論主體為赴美受訓學生，故集中於 1941 年太平洋戰爭爆發後，至 1945 年日本投降為主。

研究材料

①官方機構收藏之檔案資料

　　關於本書在官方檔案運用部分，因有關機關眾多，必須多方蒐集各單位往來文件，交叉比對。由於太平洋戰爭期間航空教育與軍事行動密切相關，因此大量使用國家發展委員會檔案管理局所藏《國防部史政編譯局檔案》，試圖分析航空委員會（空軍總司令部）對於航空教育推展及實際執行情形。[26]

　　在行政機關部分，主要運用中央研究院近代史研究所檔案館藏之《外交部檔案》、《行政院檔案》、《教育部檔案》、《交通部檔案》及《國民政府檔案》。《外交部檔案》為政府對外的電文資料，《教育部檔案》記錄許多 1940 年至 1950 年代學生學則的規章，對於選派民間學校至國外接受航空訓練有相關記載。國史館館藏的《國民政府檔案》、《交通部檔案》，有航空委員會向美購買機械的紀錄，該館所藏《蔣中正總統文物》也是必須參考的資料。蔣中正（1887-1975）為當時中

---

[26]　2010年國防部已將1949年以前之《國防部史政編譯局檔案》移轉至國家發展委員會檔案管理局，1949年之後的檔案則須向國防部史政編譯處申請閱覽。

國最高的領導決策者，無論對於中國本身或是美國，都具有
極重要的地位，他對航空教育的觀點，也影響雙方合作以及
中國空軍未來的發展。

　　外文檔案方面，美國國務院出版的 Foreign Relations of the
United States（以下簡稱「FRUS」）是重要的外交參考史料。
FRUS 中，筆者關注的是美國駐華單位經常與航空委員會高層
聯繫，藉此瞭解各地戰況和變化。此外，日本防衛廳於 1966
年開始編修的《戰史叢書》（せんしそうしょ），對於太平
洋戰區，中、美、日三方航空作戰、日本陸軍航空軍備運用
情形，記錄詳實，可供參照。

②史料彙編

　　史料彙編以秦孝儀主編的《中華民國重要史料初編——對
日抗戰時期》的第二編《作戰經過》、第三編《戰時外交》
為主，有豐富的空軍作戰資料。[27]內容可分為三大類，第一類
為空軍作戰經過，第二類為烈士略傳，第三類則為蘇聯、美
國援華經過。此外，國史館出版有關於美國援華史料、[28]交通
史料，亦可供參考。[29]空軍總司令部編印《空軍抗日戰史》以

---

[27] 秦孝儀主編的《中華民國重要史料初編——對日抗戰時期》（臺北：中國國民黨
中央委員會黨史委員會，1981年）。

[28] 何思瞇編，《抗戰時期美國援華史料》（臺北：國史館，1994年）。

[29] 瞿紹華編，《中華民國交通史料（三）：航空史料》（臺北：國史館，1991
年）。

及《空軍沿革史初稿》，對於中日戰爭期間，空軍作戰的物資調度、人力分配及教育訓練等均有詳細紀錄。[30]《空軍抗日戰史》共九冊，是一部以記述空軍於抗戰期間作戰經過為主的戰史，分年逐月記載空軍執行的各項任務，包括為數甚多的作戰計劃、作戰紀錄及作戰檢討報告，內容十分充實。空軍官校校史館典藏的《空軍沿革史初稿》、《空軍沿革史二稿》以及《空軍軍官學校同學錄》等，可以對當時受訓學員歸國後的情形進行追蹤，亦是不可忽略的史料。

③公報、期刊、報紙

　　政府公報是政府向人民公開政府資訊的管道，內容包括文告、法規、施政報告、處分等事項。中國空軍的推展，包含法規的制定與修正，可以從法令的變革，分析政府對航空教育概念的轉變，並可以試圖從中探究法令與實際落實的狀況。從政府公報中蒐集相關的空軍法規，按照時間推進，對於空軍法規的沿革，較能掌握清楚的脈絡。因此本書將利用《國民政府公報》、《行政院公報》等公報所刊載的空軍法規資訊，再配合前述的官方檔案，對於法令作一梳理。期刊方面，本書將運用1930年至1940年代出版有關空軍類的雜誌，特別是航空史方面的雜誌，例如《中國的空軍》、《航空雜誌》、

30　空軍總司令部編，《空軍抗日戰史》（出版地不詳：空軍總司令部情報署，1950年）；周至柔編，《空軍沿革史初稿》（臺北：空軍總司令部，1951年）。

《空軍》、《航空譯刊》、《航空月刊》、《東方雜誌》等刊物。

《中國的空軍》是當時空軍最重要的刊物，該刊自 1938 年 1 月創立，以月刊形式發行，內容刊載航空理論、航空常識、航空科學小品、空軍戰鬥及生活報導、空軍人物特寫、空軍文藝、圖畫、照片，其中也有許多航空教育的言論。《航空雜誌》創刊於 1929 年 3 月，收錄至 1944 年 3 月第 13 卷第 1 期。由航空署編輯委員會編輯、發行。設有公牘命令、航空瑣聞、航空訓令法規、航空史料、航空研究等欄目。其中航空瑣聞欄目刊登了歐洲和亞洲的最新戰事新聞，介紹國際航空界的最新成果，內容涉及美國、德國、英國、日本等國的空軍裝備、新式戰鬥機的使用、空軍人員的訓練等多個方面。航空研究欄目著重刊登當時發展中國航空事業的專著文章，探討中國亟待解決的航空救國問題。《航空月刊》創刊於 1935 年 9 月，收錄至 1936 年 8 月，由中國航空協會浙江省分會編輯，航空月刊社出版。該刊所載文章主要比較 1930 年代各國列強航空發展狀況，探討適合中國航空發展的最佳方案，並介紹航空史名人名事，普及航空知識，促進航空教育。對於 1930 年代「航空救國」、「倡導航空教育」等議題多有著墨，值得參考使用。

《空軍》創刊於 1932 年 11 月，1937 年 8 月改名為《空軍半月刊》。該刊為航空學校研究航空學術及實施精神教育的刊物，闡述航空在國防上的重要性，介紹各國航空現勢，刊

登有關航空研究的譯文和學術文章，分析國內外政治、經濟
形勢，探討社會問題，並發表政治評論。具體內容有國際政
治經濟介紹、社會問題探討、未來戰爭設想、新式武器介紹、
空軍活動寫實、航空史跡、航空消息、航空圖照、航空常識
介紹等文章。

　　除了官方的檔案、公報與期刊外，在本書中，報紙的資料
也值得注意。報紙的內容包羅萬象，其中包含空軍教育方針，
也有政府與民間單位發布的消息；然而，報紙也接受讀者針
對中國各種現象的投書，可以從中蒐集時人對中國航空教育的
見解和資訊。《申報》、《大公報》（重慶版）與《中央日報》
是近代中國最具代表性的報紙之一，前二者為商辦報紙，後
者為國民黨的機關報。雖然《申報》在二戰期間曾一度停刊，
但在 1945 年復刊後，刊登了許多關於空軍教育的訊息與評論，
仍具有一定的價值；同時，也可就這三種報紙刊登內容進行
對照。

④回憶錄、傳記、口述訪談與其他

　　相關當事者的回憶錄、自傳與口述訪談，也值得參考使
用，當事者的敘述不但可以與檔案相互配合，且可以讓論文更
加生動。目前關於航空教育的記載，多是自身的回憶，如曾任
教中央航空學校的錢昌祚（1901-1988）回憶錄《浮生百記》。[31]

---

[31]　錢昌祚，《浮生百記》（臺北：臺灣傳記文學出版社，1975年）。

全書共 100 節，第 24 節至第 49 節紀錄他加入空軍從事航空工作，一路從教官、主任、廠長、校長到參事的情形。當事者相關紀錄則有陳納德《陳納德將軍與中國》、[32] 司徒福（1916-1991）〈血灑長空的八年〉、[33] 賴名湯（1911-1984）《賴名湯先生訪談錄》、[34] 夏功權（1919-2008）《夏功權先生訪談錄》、[35] 衣復恩（1916-2005）著《我的回憶》、[36] 徐華江（1917-2010）《天馬蹄痕：我的戰鬥日記》、[37] 陳燊齡（1924-2017）《回首來時路：陳燊齡將軍一生戎馬回顧》[38]。此外，還有《中國飛虎：鮮為人知的中美空軍混合聯隊》、[39]《飛虎薪傳：中美混合團

[32] 陳納德著、陳香梅譯，《陳納德將軍與中國》（臺北：傳記文學出版社，1978年）。

[33] 司徒福（1916-1991），廣東開平人，畢業於中央航空學校第6期，曾任中美空軍混合團第三大隊八中隊隊長。回憶錄請參：司徒福，〈血灑長空的八年〉，收入丘秀芷主編《抗戰文選》（臺北：行政院新聞局，1996年），頁53-59。

[34] 賴名湯（1911-1984），江西省石城縣人，畢業於中央航空學校第2期，曾任赴美受訓學員領隊。請參：賴名湯口述、賴暋訪錄，《賴名湯先生訪談錄》（臺北：國史館，1994年）。

[35] 夏功權（1919-2008），浙江省寧波人，第三批赴美受訓空軍官校學生，曾任中美空軍混合團第一大隊第四中隊隊員，請參：夏功權口述；劉鳳翰、張聰明訪錄，《夏功權先生訪談錄》（臺北：國史館，1975年）。

[36] 衣復恩（1916-2005），為1941年第一批赴美受訓空軍官校學生。請參：衣復恩，《我的回憶》（臺北：立青文教基金會，2000年）。

[37] 徐華江、翟永華著，《天馬蹄痕：我的戰鬥日記》（臺北：高手專業出版社，2010年）。

[38] 陳燊齡（1924-2017）空軍官校第18期。請參見：王立楨，《回首來時路：陳燊齡將軍一生戎馬回顧》（臺北：上優文化出版，2009年）。

[39] 翟永華著，《中國飛虎：鮮為人知的中美空軍混合聯隊》（香港：四季出版公司，2015年）。

口述歷史》、[40]《中國空軍抗戰記憶》、[41]《尋找塵封的記憶：抗戰時期民國空軍赴美受訓歷史及空難探秘》，[42]皆是研究中美空軍混合團的重要著作。

本書架構

　　本書將按照上述資料和研究方法，進行分析，除緒論與結論，共分三章。第一章緒論，陳述研究動機，並回顧相關研究成果。第二章「1930年代中央空軍的組建與美國顧問」，對1930年代中美航空教育合作的起源做全盤論述。分三部分，首先說明孫中山與中國航空教育創建之歷程；再說明近代中國航空教育的建立及面臨的困境；最後分析戰時中國政府向外國尋求軍事援助的情形，原先以義大利式航空教育為主要教育方針，後來以美國顧問為尊，美式航空教育逐漸主流化。第三章「太平洋戰爭時期空軍官校與學生赴美學習與訓練」，討論空軍官校學生赴美完成中、高級訓練的前期，中美兩國軍方交涉過程、赴美的經過及訓練的內容。第四章「中國空軍美式航空教育的主流化」，闡述美式航空教育的制度化、對中國航空教育的影響。同時，赴美受訓學生回國後，投入

40　郭冠麟主編，《飛虎薪傳：中美混合團口述歷史》（臺北：國防部史政編譯室，2009年）。
41　朱立揚，《中國空軍抗戰記憶》（浙江：浙江大學出版社，2015年）。
42　李安，《尋找塵封的記憶：抗戰時期民國空軍赴美受訓歷史及空難探秘》（舊金山，壹嘉出版，2021年）。

中美空軍混合團。第五章為結論，統整各章之要點，並綜述研究心得。

02

CHAPTER

1930年代中央空軍的組建與美國顧問

　　空軍是在第一次世界大戰後才興起的軍種，由於作戰速度快、面積大，可以有效達成軍事目的，在現代戰爭的地位不言可喻。[1] 若欲建立空軍必先發展航空教育，於是1909年清廷開始籌備飛行隊，向法國購入兩架飛機。民國初年，北京的中央政府、廣州政府或地方軍閥派系，都對航空事業或空軍懷抱遠見。1913年，北京政府開辦「南苑航空學校」。1920年孫中山在廣州大元帥府轄下設航空局，後設立廣東航空學校。[2] 東北、雲南等地方軍系亦相繼設立航空學校或飛行訓練班，建立航空武力。[3] 中國空軍在國民革命軍北伐統一全國之前，已有相當基礎，但正如陳存恭教授指出：「民國17年以前，變亂之局中的各級政府，雖也力圖發展航空，但受戰禍的影響，不能釐定合理的航空政策，集中人力、物力，利用僑資、民資甚至外資，來發展航空工業，一方面又受到戰爭的破壞，以致用力雖多，沒有獲得應有的收穫。」[4]

[1] 涂長望，〈空軍在現在戰爭之地位〉，《史地雜誌》，2：2（杭州，1942年），頁44；捷夫，〈空軍在現代戰爭中居於何種地位〉，《航空建設》，2：2（重慶，1945年），頁25。

[2] 蔣星德，〈兩年來的中國空軍〉，《時事月報》，21：4（南京，1939年），頁89；中華民國國民政府航空委員會編，《空軍沿革史初稿》（重慶：1940年，未刊本），頁211。程葳葳，〈孫中山與航空救國〉，《檔案與建設》，10（南京：2016年），頁40-42。

[3] 黃正光，〈全面抗戰前中國空軍發展述略〉，《浙江理工大學學報（社會科學版）》，38：6（浙江，2017年），頁528；中華民國國民政府航空委員會編，《空軍沿革史初稿》，頁51-76。

[4] 陳存恭，〈中國航空的發軔（民前六年至民國十七年）〉，《中央研究院近代史研究所集刊》，7（臺北：1978年），頁416。

　　直到北伐完成，全國統一，中國才致力於建立一支全國性的空軍。因此，國民政府設立中央航空學校，改善這般局面，並且透過美國顧問的建議，發展中國航空教育。本章探討1930年代中國中美航空教育的起源，先簡述孫中山創建中國航空教育之歷程，再說明1930年代以來，中國航空教育的建立及困境，並探明中國如何抉擇以美式航空教育作為中國航空發展的藍本。

第一節　孫中山與航空教育

　　考察國民政府航空教育發展歷程，須溯及孫中山提倡之「航空救國」理念。1909年，孫中山早已預見航空在國防的重要性，提倡「航空救國」之理念，並得到旅外華僑和留學人員的支持。[5]1913年「二次革命」失敗後，孫中山在日本滋賀縣八日市町設立航空學校，訓練飛行人員，組織航空隊返國參加軍事活動。1916年，派林森（1968-1943）遴選青年，赴美國籌訓飛機師，部分畢業生組成「國民黨航空隊」。1920年，孫中山在廣州成立航空局，直屬大元帥府，下轄兩隊飛機隊，後因陳炯明（1878-1933）叛變，使航空發展受到影響。1921年2月，孫中山重返廣州，成立大本營，航空局

---

[5]　中華民國國民政府航空委員會編，《空軍沿革史初稿第一輯》（臺北：空軍總司令情報署，1965年3月），頁3。

各項業務逐步開展，創設「廣東航空學校」，訓練飛行及轟
炸人才。1925 年 7 月 1 日，國民政府在廣州成立，航空局的
編制仍然繼續存在，至 1926 年 7 月，「國民革命軍」北伐，
航空局改組為航空處，直屬國民革命軍總司令部；1927 年 4
月，國民政府奠都南京，同年 9 月航空處改隸軍事委員會，
並設航空司令部，轄飛機隊三隊；1928 年 6 月，「國民革命軍」
進入北京，北伐軍事結束，北京政府的航空行政，由航空處
接收。[6]

一、孫中山的航空教育與救國論說

　　孫中山重視航空教育，主張創建航空學校以培養飛行人
才。1910 年 5 月 13 日，孫中山即向革命黨員李綺庵（1883- ？）
提出培育飛行人才的重要。[7]孫中山謂：「飛船習練一事，為
吾黨人材中之不可無，其為用自有不能預計之處」，可見孫
中山已注意航空領域，並重視航空發展。[8]嗣後，孫中山通告

---

[6]　劉維開，〈蔣公與中國空軍的建立──民國十七年至民國二十六年〉，《先總統
　　蔣公百年誕辰紀念　論文集》（臺北：國防部史政編譯局編印，1986年），頁
　　64-65。

[7]　李綺庵（1883- ？），廣東台山人，1929年任國民政府僑務委員會委員。〈李
　　綺庵〉，《軍事委員會委員長侍從室》，國史館藏，數位典藏號：129-200000-
　　3533，頁3。樊蔭南編，《當代中國名人錄（1931）》（上海：上海良友圖書印
　　刷公司，1931年），頁109。

[8]　孫中山，〈致李綺庵論敢死團與革命公司事函〉（1911年5月31日），收入國
　　父全集編輯委員會，《國父全集（第四冊）》（臺北：近代中國出版社，1989
　　年），頁156。

海外同志，齊心發展設置航空事業，在〈致海外同志勗助成設置飛船隊函〉指出：「阮倫兄等謀設飛船隊，極合現時之用，務期協力助成，以為國家出力」。[9] 同時，孫中山著重發展航空教育，1915 年孫中山叮囑南洋同志譚根（1890- ？）開辦飛機學校，[10] 指出「飛行機為近世軍用之最大利器，……，於國家前途，吾黨前途，均至有裨益，用特豫為介紹於諸同志，倘譚君到時，尚祈費神招待，並希代為設法開場試演，勸銷入場票位，俾得釀集資財，成立學校，作育真才。」尤可見其對航空教育重視。[11] 上述三例，可知孫中山對建設航空教育的重視。孫中山首先注意到飛機人才的培育，為達此目標，須籌設飛機學校及聘請外國技師指導。

中華革命黨航空學校

1913 年「二次革命」失敗後，孫中山旅居日本，於 1915 年在日本滋賀縣八日市町設立「中華革命黨航空學校」。1913 年，孫中山經梅屋庄吉、頭山滿介紹認識日本飛行家坂本壽一。[12]1915 年，孫中山在坂本壽一協助下，於日本滋賀縣八日

9　孫中山，〈致海外同志勗助成設置飛船隊函〉（1911年），收入國父全集編輯委員會，《國父全集（第四冊）》，頁173。

10　譚根（1890- ？），原名譚德根，廣東開平人。

11　孫中山，〈致南洋同志囑贊助譚根開辦飛機學校函〉（1915年2月20日），收入國父全集編輯委員會，《國父全集（第四冊）》，頁346。

12　卓文義，〈孫中山先生的「航空救國」建設〉，《近代中國》，15（臺北，1980年），頁103。

市町建校，學校正式名稱為「中華革命黨近江八日市飛行學校」，後稱「中華革命黨航空學校」。[13] 該校宗旨為「打倒袁世凱帝制」，於 1915 年 4 月開學，聘請美國教官史密斯（Smith）擔任顧問，自 1916 年 3 月至 5 月進行飛行訓練。日籍教官計有：坂本壽一、星野米藏、立花了觀、尾崎行輝等。孫中山時常去航校視察教育情形，不忘以「航空救國」的道理砥礪學生。[14] 1916 年 6 月 6 日，袁世凱（1859-1916）逝世，中華革命黨航空學校亦隨之解散。[15]

中國民智航空社

1914 年，孫中山赴美國芝加哥創設「中國民智航空社」。該社係由旅美華僑組織「救國社」，以舊金山黨員張洛川、湯漢弼、黃芸蘇等人共同發起。目的在籌措經費，訓練航空人員。[16] 孫中山赴美國芝加哥，一面向華僑募集經費，一面倡導「航空救國」主張，於是創設「中國民智航空社」並親擬該社章程計九章二十九條。章程第一條書明「本社定名為中國民智航空社」；章程第二條指出成立宗旨「應用航空學術以鞏固共和及襄助孫中山先生實行三民主義、五權憲法」；

---

[13] 馬毓福，《1908~1949年中國軍事航空》，頁369。

[14] 卓文義，〈孫中山先生的「航空救國」建設〉，頁104。

[15] 馬毓福，《1908~1949年中國軍事航空》，頁370。

[16] 馮自由，《革命逸史（三）》（上海，商務印書館，1946年），頁392。卓文義，〈孫中山先生的「航空救國」建設〉，頁105。

章程第三條、第四條與第五條規定社員資格，社員分為兩類，一類是基本社員，其資格為「凡中華國民成年男女既屬國民黨，由社員二人介紹並具志願書皆得為本社社員」。另一類是普通社員，其資格為「凡中華國民成年男女未入國民黨者與本社宗旨表同情，由社員二人介紹，並具志願書，得為本社普通社員」。兩類社員入會時均須繳納社員基本金美金十元。章程第十二條提及機關地址暫設美國芝加哥總理全社事務。由以上章程與宗旨，可知孫中山創立「中國民智航空社」之用意，在於團結美國華僑，研習航空學術，推展航空教育。[17]

國民黨航空隊

　　1916 年，林森在美國提議遴選國民黨中青年子弟，送美國航空學校學習航空。選派送美國航空學校之資格，以畢業於美國公立小學為標準。經初期選派入美國航空學校者，計有李光輝、張惠長（1899-1980）、楊仙逸（1893-1923）、陳慶雲（1897-1981）、蔡司度、吳東華、譚南方、黃光銳（1898-1985）等二十人。學成返國，部分畢業生組成「國民黨航空隊」。[18]

---

[17] 參見「中國民智航空社」臨時規則（章程）。轉引自卓文義，〈孫中山先生的「航空救國」建設〉，頁105。

[18] 馮自由，《革命逸史（三）》，頁392-394。

廣東航空學校

　　1922 年，廣州革命政府於廣東大沙頭設立航空學校，嗣後更名為「廣東航空學校」。學校成立之初，編制極簡，由時任航空局長的楊仙逸兼任校長。[19] 該校目的在訓練飛行人才，以能勝任轟炸飛行任務為主。同時聘請美籍技師寇斯（Cloth）負責訓練飛行員，招收少數學生，為該校第一期學生。當時教育訓練並無分科及兵種劃分，僅授以相當技能擔任轟炸任務。[20] 第一期畢業的學生中，有一名女學生朱慕菲（1897-1932），飛行成績優異，為中國第一位女飛行家。[21]

　　孫中山重視航空教育，為提高飛行技術，聘請外國技師。1923 年，孫中山在〈國民黨奮鬥之法宜注重宣傳不宜專注重軍事〉演講指出：「飛機不是一次做成了，便可以飛的，是經過了好幾次的改良，才完全成功。不過首先要立一個志願，照那個志願去做，總是不改，將來的結果，一定是有希望的。今天我希望國民黨員的，是要諸君立志，於十年之內，把中

---

[19] 楊仙逸（1893-1923），廣東香山人，早年就讀於檀香山意賀蘭學校（Iolani School）、夏威夷大學預科。曾任檀香山自治軍團長1910年，加入中國同盟會。1916年，入紐約水牛城寇蒂斯飛機公司附設飛行訓練學校學習飛行。1921年至1922年，任中華民國臨時大總統府侍從武官、航空局局長。1923年，任廣州航空局局長。請參：徐友春編，《民國人物大辭典》（河北：河北人民出版社，1991年）。

[20] 中華民國國民政府航空委員會編，《空軍沿革史初稿第一輯》，頁5。

[21] 中華民國國民政府航空委員會編，《空軍沿革史初稿第一輯》，頁6。

國變成世界上頂富強的國家。只要諸君有了志願，方法是很多的。中國從前是富強的，英、法現在是富強的，學一國富強的方法便夠了。如果自己真沒有方法，便可以請師父。像大沙頭的那般青年飛機師，從前本不知道怎麼樣飛，但是請外國技師來教，所以學到現在，便飛得很好。」[22]當時航空教育仍在起步階段，故聘請外國技師協助訓練，希望能夠藉著他們的協助，儘快完善中國的航空教育。[23]

二、革命黨人主持的空軍組織與機構

設立航空隊及航空機構

1912年，孫中山就任臨時大總統，即有設立航空隊之規畫。孫中山曾三度電覆臨時副總統黎元洪（1864-1928），洽商購買飛機及試飛等事宜。[24]後來因袁世凱擔任臨時大總統職位，購買飛機事遂告停辦。1913年，「二次革命」失敗後，孫中山制定《中華革命黨革命方略》，組織軍政府。於〈海軍部組織條例〉第六條，賦予飛機科以掌理飛船、飛艇隊之

---

[22] 孫中山，〈國民黨奮鬥之法宜注重宣傳不宜專注重軍事〉（1923年12月30日），收入國父全集編輯委員會，《國父全集（第三冊）》，頁392-401。

[23] 卓文義，〈孫中山先生的「航空救國」建設〉，頁105。

[24] 孫中山三度電覆臨時副總統黎元洪，詳參見：孫中山，〈致黎元洪告對購買飛船事意見電〉（1912年1月14日），收入國父全集編輯委員會，《國父全集（第四冊）》，頁180；孫中山，〈復黎元洪告已購辦飛船及各物電〉（1912年1月16日），收入國父全集編輯委員會，《國父全集（第四冊）》，頁181；孫中山，〈致黎元洪盼減低飛船價值電〉（1912年2月17日），收入國父全集編輯委員會，《國父全集（第四冊）》，頁223。

編制、配裝、製造、修理、購買、調查、研究、訓練、獎勵
諸職事。[25] 嗣後即有航空隊之編制。1920 年 11 月，孫中山在
廣州大沙頭成立「航空局」，直隸於大元帥府。航空局由朱
卓文（1875-1935）擔任局長，下轄兩支飛機隊，張惠長為第
一隊隊長，有水上飛機三架；陳應權為第二隊隊長，有陸上
飛機二架。隊員十餘人，並無部隊之編組及兵種之分類，一
切以參加作戰轟炸為目的。[26]1922 年，孫中山命楊仙逸為航空
局長，改派黃光銳、林偉成為隊長，隊員共十餘人。1925 年，
大元帥府航空局改組，原先副官、總務二處，擴編為軍事、
總務、航政三處。[27]

購置飛機，訓練空軍

　　1916 年，孫中山屢次敦促購買飛機，在〈復三藩市少年
中國報商購機電〉更提出「（飛）機以多為妙」之指示。[28] 但
因飛機價格昂貴，所以孫中山勉勵諸同志竭力籌款購買飛機，
指出：「領袖支部來報，積存各處來款貳萬餘金，已電飭其
代購飛機，以備軍用；惟現時機價極昂，只能購兩座，望諸

[25] 李孔智，〈志在沖天：孫中山勇往直前的「航空救國」精神〉，《國立國父紀念
　　館館刊》，51（臺北：2018年），頁10。
[26] 中華民國國民政府航空委員會編，《空軍沿革史初稿第一輯》，頁5。
[27] 中華民國國民政府航空委員會編，《空軍沿革史初稿第一輯》，頁46。
[28] 孫中山，〈復三藩市少年中國報商購機電〉（1916年3月25日），收入國父全集
　　編輯委員會，《國父全集（第四冊）》，頁398-399。

同志竭力籌捐，俾得款多購。」[29]1921年，孫中山致函廖仲愷
（1877-1925），[30]敘述其擬撰〈國防計劃〉以期訓練空軍。[31]〈國
防計劃〉共規劃六十二項目標，其中有關航空與空軍之建設，
多達九項，茲臚列如下：

二　十、各地軍港要塞炮台航空港之新建設計劃。

二十三、發展航空建設計劃。

三十五、舉行全國國防總集員令之大演習計劃，和全國
　　　　空海陸軍隊國防攻守戰術之大操演。

三十八、向列強定製各項海陸空新式兵器，如潛水艦、
　　　　航空機、坦克炮車、軍用飛艇、汽球等，以為
　　　　充實我國之精銳兵器和仿製兵器之需。

四十二、聘請列強軍事專家人員來華，教練我國海陸空
　　　　軍事學生及教練國防物質技術工程之意見計
　　　　劃書。

四十九、組織海空陸軍隊之標準。

五十九、我國之海軍建艦計劃，航空建機計劃，陸軍

---

[29] 孫中山，〈復胡維壎勉與諸同志竭力籌款購機函〉（1916年4月10日），收入國
父全集編輯委員會，《國父全集（第四冊）》，頁407。

[30] 廖仲愷（1877-1925），廣東惠陽人，時任財政部長。請參見：《中華民國名人
傳》，頁102。

[31] 林志龍，〈孫中山航空救國的理念與行動〉，《國立國父紀念館館刊》，51（臺
北：2018年），頁8-9。

　　　　　各種新式槍炮戰車及科學兵器機械兵器建造
　　　　計劃。
　　六　十、訓練不敗之海陸空軍軍隊大計劃。
　　六十一、列強之遠東遠征空海陸軍與我國國防。[32]

　　上述所列綱目中，涵蓋興建飛機場、製造飛機、培育航空
人材、訓練航空人員、建立空軍等項目，可知孫中山對中國
航空事業與航空教育的重視。

　　孫中山倡導航空救國，促使了近代中國航空教育與空軍建
設。在航空教育方面，他結合旅居美國、馬來西亞華僑力量，
創建航空學校，訓練飛行員，投入空軍。在空軍建設方面，他
創立航空局，建立正式的航空組織。同時規劃空軍的發展藍
圖，聘請外國顧問教授飛行知識。孫中山的擘劃與建設，對近
代中國空軍的影響深遠，亦開啟日後中美航空教育的先河。

第二節　國民政府航空教育的建立及困境

一、國民政府航空教育的建立

　　1925 年 7 月 1 日，國民政府在廣州成立，航空局的編制繼
續存在，至 1926 年 7 月，「國民革命軍」北伐，航空局改組

---

[32] 孫中山，〈致廖仲愷告所著國防計劃目錄函〉（1921年7月8日），收入秦孝儀主
　　編，《國父全集（第五冊）》，頁309-311。

為航空處，直屬國民革命軍總司令部。國民政府的航空教育，應追溯至 1928 年 10 月成立的「中央陸軍軍官學校航空隊」，1929 年 6 月改組為「中央陸軍軍官學校航空班」；1931 年 3 月，「中央陸軍軍官學校航空班」劃歸軍政部航空署，並且擴大組織編制，改組為「軍政部航空學校」。1932 年 9 月，正式改制為「中央航空學校」，由蔣中正兼任校長。[33]1937 年，抗戰爆發後，中央航空學校輾轉遷移到雲南昆明。1938 年 7 月，正式定名為空軍軍官學校，校長由軍事委員會委員長蔣中正擔任。[34]

中央陸軍軍官學校航空隊

　　1928 年 10 月，「中央陸軍軍官學校航空隊」成立，以航空署副署長張靜愚（1895-1984）為隊長，前南苑航空教練所所長廣汝燕（1888-1944）為副隊長。以南苑航校三期畢業之李玉珂為飛行主任，留學美國麻省理工學院畢業之錢昌祚（1901-1988）為學科主任，合計官兵學員編制人數 504 人。[35]中央陸軍軍官學校航空隊的成立，可視為國民政府航空教育的肇始。[36]

---

[33] 日立，〈空軍軍官學校小史〉，《航空建設》，3:1（重慶，1948年），頁17-18。

[34] 國防部史政編譯局編印，《國民革命建軍史》〈第三部：八年抗戰與戡亂（一）〉，頁593。

[35] 卓文義，《空軍軍官學校沿革史》（岡山：空軍軍官學校，1989年），頁128。

[36] 錢昌祚，《浮生百記》（臺北：傳記文學出版社，1975年），頁35-36。

　　招生方面，由於此時仍在草創階段，加上當時國民對於航空的認識尚淺，因此在同年 11 月中旬開始招生時，並未廣招全國青年。而是僅先就中央陸軍軍官學校第五、六期以及軍官團中遴選有志於航空的 70 人組織成班。成班之後，面臨的問題是缺乏飛機及訓練場地，幸獲華僑集資購贈訓練所需的飛機。然而，訓練的場地仍苦尋不著，造成無法開學的情況，至 1929 年 1 月，才借得南京軍官團小營房之一部作為隊址使用，方能匆促開課。[37]

　　1929 年 2 月 18 日，正式上課，全體學生編為甲、乙兩班，並釐訂教育計畫與進度，以三個月為一學期，全期的教程為六個學期。1929 年 5 月，奉命增加學員名額，於是從軍校學生中添招學員，錄取 25 名，成立「速成觀察班」。至於授課方式，以上午練習飛行，下午教授學科的方式進行。[38]

　　航空隊教育以實習為主、學科為輔。教授科目分學科、術科兩種，學科分應用飛行學、空中偵察、空中通信、飛機構造學、發動機學、氣象學、兵器、應用算學、航空史、航空名詞等十門。[39] 術科分教授飛行、單獨飛行、成隊飛行、長途飛行、夜間飛行、工廠實習、體操等七門。師資方面，各科教官多為國內航空界之先驅。在錢昌祚的回憶中，當時的師資有：

[37]　中華民國國民政府航空委員會編，《空軍沿革史初稿》，頁93。

[38]　中華民國國民政府航空委員會編，《空軍沿革史初稿》，頁94。

[39]　國防部史政編譯局編印，《國民革命建軍史》〈第二部：安內與攘外（一）〉（臺北：國防部史政編譯局，1993年），頁536-537。

「留美的曾震東及江超西先後教飛機構造學，留美的陳秋山、留俄的焦績華教授兵器學。留美的李疆雄教飛機實習，留日的郭力三教發動機學及實習，留日的胡一之教氣象學，王志濤教無線電通訊實習……我自教航行學、氣艇學、航空歷史、航空法規、世界航空概況等課。」[40] 同時，航空既然是外來事物，在中國學習此一新事業，自然少不了聘請外籍教官指導。中央陸軍軍官學校航空隊多聘請德國顧問來協助建軍工作。此時以包爾（Col. Max Bauer）為首的德國顧問團中，有福克斯（Fuchs）、盧本斯（Rubens）、威克波斯基（Welksborgsky）等三人協助航空隊進行訓練工作。[41] 但是此三人的授課科目不得而知，目前史料僅知「十八年五月航空隊招入軍校學員二十五名，成立速成觀察班，由福克斯講授觀察學術」。[42] 當時預期六個月後再開始進行飛行訓練。[43]

中央陸軍軍官學校航空班

　　中央陸軍軍官學校航空隊自成立以來，先是隊址無著落，繼而在一切就緒即將開學之際，遭遇 1929 年國軍編遣會議後

[40] 錢昌祚，《浮生百記》，頁35。
[41] 黃慶秋，《德國駐華軍事顧問團工作紀要》（臺北：國防部史政編譯局，1969年），頁23-24。
[42] 中華民國國民政府航空委員會編，《空軍沿革史初稿》，頁93-94。
[43] 陸軍軍官學校校史編纂委員會編，《陸軍軍官學校校史》，〈第二冊〉（高雄：陸軍軍官學校校史編纂委員會，1969年），頁75。

的戰事。中央陸軍軍官學校航空隊在 1929 年 6 月 7 日奉命改組為航空班。航空班改組後，隊長改稱主任。原航空隊隊長張靜愚（1895-1984）卸任，[44] 校長蔣中正選派黃秉衡（1900-1989）為班主任，仍以厲汝燕為副主任。並選定南京復成橋前工業學校舊址為校址。[45] 由於原房舍老舊，須將校舍環境重新整修，於是至同年 8 月 28 日才正式開學。當時並取消「速成觀察班」，合併第一、二兩次招收的學員分為甲、乙兩班。此時使用的飛機為華僑捐贈的六架柏力根飛機、二十架弗克武夫飛機。同年 9 月，海軍部選送學員十四人就學航空班，使學員人數大增，合計達 109 名。此時使用的飛行教練機場，為「明故宮飛機場」。[46]

　　航空班教授科目分為學科與術科兩種，學科分應用飛行學、空中偵察、空中通信、飛機構造學、發動機學、氣象學、兵器、應用算學、航空史、航空名詞等十門。術科分教授飛行、單獨飛行、成隊飛行、長途飛行、夜間飛行、工廠實習、體操等七門。師資方面繼續聘請德國顧問福克斯（Fuchs）、盧本斯（Rubens）、威克波斯基（Welksborgsky）等協助訓練工作。[47]

---

[44] 張靜愚（1895-1984），山東省高唐縣人。

[45] 黃秉衡（1900-1989），浙江省寧波市人。

[46] 中華民國國民政府航空委員會編，《空軍沿革史初稿》，頁93-94。

[47] 中國國民黨中央委員會黨史史料編纂委員會編，《革命文獻》，第27輯（臺北：中國國民黨中央委員會黨史史料編纂委員會編輯，1963年），頁315-316；劉維

　　1930 年 1 月，航空班的飛行訓練大致上安定下來，4 月
已經有少部分學員具有單獨飛行的能力。[48]4 月 18 日，航空班
為派飛機參加「國民政府成立紀念編隊」飛行預演的時候，
學員朱磅瑩（1910-1930）不幸失事殉難，成為航空班第一位
殉難者。[49]1930 年 12 月，學員修業期滿，舉行畢業考試，由
於增加飛行教練時數，因此延期到 1931 年 3 月 19 日畢業。
這一期的學員，除了殉難者與淘汰者外，僅餘學員 83 人畢業，
是為航空學校第一期畢業生。[50]

軍政部航空學校

　　1930 年 3 月底，中央陸軍軍官學校航空班奉命劃歸軍政
部航空署，並且擴大組織編制，改組為「軍政部航空學校」。
軍政部派黃秉衡為主任負責籌備，成立籌備處，此時黃秉衡
正出國考察未回，於是派毛邦初（1904-1987）代理。是年 4
月 14 日，航空班正式脫離中央陸軍軍官學校，隸屬於航空署。
依國民政府公布《軍政部航空學校條例》，第一章第二條：「航
空學校直屬於軍政部航空署」，確定該校的從屬地位。[51]1930

開，〈蔣公與中國空軍的建立──民國十七年至民國二十六年〉，頁84。
[48] 中華民國國民政府航空委員會編，《空軍沿革史初稿》，頁94。
[49] 中央陸軍軍官學校航空班編，《中央陸軍軍官學校航空班第一期同學錄》，頁
190。
[50] 中華民國國民政府航空委員會編，《空軍沿革史初稿》，頁94，
[51] 中華民國國民政府航空委員會編，《空軍沿革史初稿》，頁100。

年 6 月，軍政部以毛邦初為軍政部航空學校校長，並於 7 月 1 日正式成立。[52]

《軍政部航空學校條例》於 1931 年 6 月 2 日公布，第一條為「軍政部航空學校在培養航空人材，俾學員得受航空必要之學術，以期為黨國效用」，[53] 揭示成立航校的目的。依照條例第三條訂定航空學校教育綱領：「航空學校教育分學、術兩科。以術科為主，學科為輔。」[54] 當時擬招收飛行、觀察、機械三科學生。各學術科目時間之分配由校長、教育長及本科教官分別學年學期協同訂定。航空學校考試分為學期考試及畢業考試，其考試分數均以二十分為滿分。[55]

軍政部航空學校之組織條例、教育綱領及編制既經訂定，乃於 1931 年 7 月 25 日組成新生考選委員會，開始招收第二期新生，原計畫招收飛行科 100 名、觀察科 50 名、機械科 100 名。後來只收飛行及機械兩班。截至 12 月 17 日止，先後錄取飛行生 20 名、機械生 45 名，均未達到預定招收名額。[56]1931 年 12 月 28 日遷校至杭州，擇定筧橋舊營房為校址，利用以前大校場，擴建為飛行場。此後，「筧橋」遂成為中央航空教育的代名詞。

---

[52] 中華民國國民政府航空委員會編，《空軍沿革史初稿》，頁95。
[53] 中華民國國民政府航空委員會編，《空軍沿革史初稿》，頁100。
[54] 中華民國國民政府航空委員會編，《空軍沿革史初稿》，頁100。
[55] 卓文義，《空軍軍官學校沿革史》，頁56-57。
[56] 中華民國國民政府航空委員會編，《空軍沿革史初稿》，頁96。

中央航空學校

　　1932 年 5 月，軍政部航空學校繼續招收學員，先到中央陸軍軍官學校八、九期學生中考選飛行生 41 名。8 月，開始在普通高中以上學校畢業之學生中考選飛行生 30 名。1932 年 8 月 31 日，奉軍事委員會之命擴大組織，改組為中央航空學校，並以蔣中正為校長，毛邦初為副校長。[57] 中央航空學校先後三次招考入校之學生，合計有飛行生 91 名，機械生 45 名，合為中央航空學校第二期學生。[58] 擴大編制後的中央航空學校，官、士、兵、學員編記人數增加到 2,007 人，在副校長下設顧問室、教育處（二科、六組、高級班、學生隊）、政治訓練處、醫務、經理、總務三科及工廠等單位。[59]

　　在教育方面採用美制，聘請美籍顧問來校實行飛行訓練。1932 年 10 月，聘用美籍顧問，他們是總顧問裘偉德（John H. Jouett），副顧問兼飛行主任羅蘭（Harry T. Rowland）。驅逐教官：甘特（W. C. Foxy Kent）、沈世博（Roland L. Sansbury）、葛林勞（Harvey Greenlaw）。轟炸教官：向能（Ellis D. Shannon）、奈天（Morris R. Kinight）、戴勒（Thomas Taylor）。偵察教官：賀伯樂（Bucius R. Roy Holbrook）、攻擊教官史惠澤（John M. Schweizew）、

[57] 卓文義，《空軍軍官學校沿革史》，頁59。
[58] 中華民國國民政府航空委員會編，《空軍沿革史初稿》，頁96。
[59] 卓文義，《空軍軍官學校沿革史》，頁130-131；中華民國國民政府航空委員會編，《空軍沿革史初稿》，頁96。

機械總教官兼保險傘教官史奔沙（W. A. Spencer）。機械教官史蒂文生（D. R. Stevenson）。這些顧問多是出身美國航空學校的飛行人員，或是退役飛行軍官。[60] 飛行教育教育分為初、中、高三級，三級教育原先均在杭州筧橋本校進行。

　　中央航空學校在美國顧問團的指導下，採取美式訓練，而航空委員會所聘請的義大利顧問團及其訓練方式不被中央航空學校所接受，故有洛陽航校的出現。1934 年 11 月，教育處處長黃毓沛籌備洛陽航校，1934 年 6 月正式開學，以黃毓沛為校長。洛陽航校在教育行政系統上，直屬航空委員會，實際上與中央航空學校不相統屬，飛行訓練用義式教練。[61] 至1936 年年中，陸續將洛陽航空學校及廣東航空學校併入中央航空學校教育體系，並改為洛陽分校以及廣東分校，才使教練方式歸於統一。之後初級教育由洛陽及廣州兩校負責，中、高級教育由杭州本校負責。

　　中央航空學校除了正規班次訓練幹部飛行人員之外，另一方面則集中中央陸軍軍官學校航空班第一期畢業學員，暨在國內外其他空軍教育機構學習航空之現役飛行人員，於 1932

[60] 〈中央航空學校美籍顧問簡明履歷表〉（1932年10月），《國防部史政編譯局檔案》，空軍軍史館藏，檔號：2928-13-C2101。顧問職稱參閱卓文義，《空軍軍官學校沿革史》，頁59；華中興，〈抗戰前中央航校的飛行教育（1932-1937）〉，收入《中華民國史專題第三屆討論會》（臺北：國史館，1985年），頁372-374。
[61] 中華民國國民政府航空委員會編，《空軍沿革史初稿》，頁312。

年成立「高級班」。[62] 高級班的意義，在於通過此訓練使全國現役飛行員，在中央統一全國航空教育之計畫與措施下，能共同通過一個教育系統，獲得劃一的訓練。高級班先後共六期；第一期 30 名，第二期 6 名，第三期 7 名，第四期 16 名，第五期 25 名，第六期 20 名。通過這項訓練，使中國的航空教育逐步走向統一化及中央化，後來所有各部門負責之高級主管與幹部，多半為高級班及第一期以後畢業之同學。[63]

1933 年 1 月，派員分赴北平、南京、漢口各地招考第三期飛行新生。1933 年 2 月，航空署所轄人員，改配空軍軍銜、帽徽、符號標誌，中國空軍正式建立獨立軍制，脫離陸軍。[64] 此時招生標準以高中以上程度為合格，之後各期均以此為標準。但是對於軍校畢業，或是軍校肄業時間以可相當於畢業之軍校學生，而有志於航空者，亦可以轉學方式參加航校受訓。[65] 2 月 23 日，第三期新生 170 人入校，由於該批新生為中央航空學校首次大規模對外招生，缺乏軍事基本訓練，於是特別成立「入伍生隊」於杭州梅東高橋，授以六個月入伍教育，是中央航空學校入伍生教育之始。嗣後第四期及第五期

---

[62] 中華民國國民政府航空委員會編，《空軍沿革史初稿》，頁97；劉維開，〈國民政府的備戰〉，《中國抗日戰爭史新編——壹、和戰抉擇》（臺北：國史館，2015年7月），頁244-245。

[63] 卓文義，《空軍軍官學校沿革史》，頁60。

[64] 劉鳳翰，《國民黨軍事制度史》（北京：中國大百科全書出版社，2008年），頁459。

[65] 卓文義，《空軍軍官學校沿革史》，頁60。

學生皆係經由入伍生隊訓練，再入學接收分科教育。[66]

　　1933 年 3 月，遷移洛陽，除了機械科師生及一部分教職員留校照常工作外，其餘大部分教職員及飛行人員於 3 月 11、12 兩日先後分批遷往洛陽，中央航空學校於是分杭州、洛陽兩部。嗣後因為洛陽機場窄小，地多泥塵，不適合飛行教練，乃於 4 月 27 日全部遷回杭州筧橋本校，並另外開闢「喬司機場跑道」輔以訓練。1933 年 5 月，高級班第二期開訓，成立「測候速成班」。1933 年 6 月，航空署長葛敬恩（1889-1979）調職，軍政部派徐培根（1895-1991）繼任，副校長毛邦初兼代校務。[67]

　　1933 年 7 月，中央航空學校開始招收第四期飛行及機械兩科新生，錄取飛行生 81 名，機械生 100 名。除此之外，當時學制已經可以讓畢業的地勤學生再次報考，轉入飛行科。第二期機械科畢業生及華僑學生轉入第四期飛行科者有 24 人。合計第四期飛行生在開始飛行訓練時為 105 人。[68]

　　綜觀 1930 年代國民政府航空教育的建立，其情形可說是一波三折，阻礙重重。在軍制上，起初空軍委身於人，寄居在陸軍體系之中。直到 1932 年 12 月前，中國的空軍在制度上仍是隸屬於陸軍體系之下。1932 年 12 月，航空署擬具《空軍軍佐任免暫行條例集暫行俸給規則》，解決空軍人員在陸軍

[66] 卓文義，《空軍軍官學校沿革史》，頁60。
[67] 卓文義，《空軍軍官學校沿革史》，頁60。
[68] 卓文義，《空軍軍官學校沿革史》，頁60。

體系下的官階、薪餉及升遷等問題。組織空軍官佐資格審查
委員會，將所有在航空署及所屬機關服務之人員，按學歷、
經歷重新審定官階及薪餉。[69] 硬體方面，校地無著落，只能就
近向陸軍借操場及跑道。教育器材缺乏，飛機數量不足，學
生實際操作飛機時數嚴重不足。空軍是一門科學的技術，除
了專業科目之外，更仰賴長時間反覆練習，方能習得飛行技
術。若要在戰場上發揮制敵的功效，更是要嫻熟戰鬥技能。
學制方面，直到 1944 年《空軍教育令》頒布後，全國各航空
學校的學制方才統一。[70]

二、國民政府航空教育的困境

　　國民政府雖在 1930 年代已初步建立航空教育機構，然深
入考究實際狀況，可見其困境。從周至柔（1899-1986）向蔣
中正報告的簽文中可知：

> 自抗戰以來我空軍教育與訓練，因種種因素影響，備感
> 困難，茲謹為過去之回顧：溯自一二八戰役後，已認知
> 空軍在現代國防之重要，乃始積極以謀其發展……戰時
> 教育之完成，其主要先決條件，惟在教育器材之充足，

---

[69] 劉鳳翰，《國民黨軍事制度史》，頁459。

[70] 〈空軍教育令〉，《國防部史政編譯局檔案》，國家發展委員會檔案管理局藏，
　　檔號：B5018230601/0033/400.1/3010.2。

　　並有不斷之補充、教育人才之薈萃、教育地點之事宜
等。[71]

據此吾人可得知當時困境有三，一為教育器材不足，二為教育
人才師資問題，三為教育地點混亂。關於其一，航空器材不
足之問題，飛機數量充足才能有良好的訓練效果；飛機數量
不足，學生訓練機會則減少。當時航空學校多缺乏足夠的飛
機供正常授課（參閱表2-1）。[72] 從該表分析，驅逐教練機49
架，待補充16架，不足率（待補充數／應需數，以下同）為
32.65%；單發動機轟炸教練機34架，待補充4架，不足率為
11.76%；雙發動機轟炸教練機17架，待補充17架，不足率為
100%；中級教練機101架，待補充43架，不足率為42.57%；
初級教練機143架，待補充81架，不足率為56.64%。總需飛
機數344架，總待補充161架，總不足率為46.8%，短缺近五
成的飛機，可見教育器材不足之嚴重程度。

---

[71]　「為謹陳過去空軍教育與訓練之困難及今後補救之方策由」（1939年11月6日）
　　〈空軍教育訓練建議案彙輯〉，《國防部史政編譯局檔案》，國家發展委員會檔
　　案管理局藏，檔號：B5018230601/0028/400.1/3010。

[72]　「為謹陳過去空軍教育與訓練之困難及今後補救之方策由」（1939年11月6日）
　　〈空軍教育訓練建議案彙輯〉，《國防部史政編譯局檔案》，國家發展委員會檔
　　案管理局藏，檔號：B5018230601/0028/400.1/3010。

表2-1　航空學校教育所需飛機數量表

應需飛機數	移留數	已訂購數	待補充數
驅逐教練機 49 架	33 架		16 架
單發動機轟炸教練機 34 架		30 架	4 架
雙發動機轟炸教練機 17 架			17 架
中級教練機 101 架	8 架	50 架	43 架
初級教練機 143 架	62 架		81 架

資料來源：作者整理自「為謹陳過去空軍教育與訓練之困難及今後補救之方策由」（1939年11月6日）〈空軍教育訓練建議案彙輯〉，《國防部史政編譯局檔案》，國家發展委員會檔案管理局藏，檔號：B5018230601/0028/400.1/3010。

　　周至柔指出，「因為各種重要必修科目，不能確實實施，造成教育未能如期完成。即使學生勉強畢業，進入各部隊之後，亦無法立即參與戰鬥，第七、八期學生即是如此。」[73] 學生不能有持續不斷的練習，教學進度往往一曝十寒，教育品質低落。

　　此情形導致作戰與教育不能劃分清楚，有時為了作戰需要而挪用一部分教育器材；有時又因為教育而挪用一部分作戰器材，互相混淆。戰場上的器材消耗極速，一次會戰足以致全部飛機毀損。抗戰初期，用於學校教育方面之器材，尚勉強可供使用。然而航空器材，耗損率極高。往往經歷大小會戰後，各部隊原有之器材幾乎耗損殆盡。而中國又無自足自

[73] 「為謹陳過去空軍教育與訓練之困難及今後補救之方策由」（1939年11月6日）〈空軍教育訓練建議案彙輯〉，《國防部史政編譯局檔案》，國家發展委員會檔案管理局藏，檔號：B5018230601/0028/400.1/3010。

給之航空工業，一切航空器材，皆須仰於外國。中間雖有補
充，但其素質不堪，終致無濟於事。[74] 此時中國機械工業尚不
發達，無法自行製造飛機引擎，亦不能供應特殊材料，空軍
使用之飛機均自國外進口。[75] 經過會戰消耗之後，導致「多數
部隊，雖有番號而無飛機，既不能擔任作戰，又無法從事訓
練」。[76] 若從教育師資方面來看，更可看出當時中國無法同時
兼顧戰場以及航空教育。

　　關於其二，教育人才師資問題，周至柔指出：

> 教育人才方面，抗戰軍興，我為集中精銳，以抵倭寇，
> 乃將全軍所有技術優良之飛行人員，盡編隊作戰，而將
> 一部份技術稍差人員者任教官，明知教育成績不免遜
> 色，然而二者不可得兼，此無可奈何之事也。[77]

---

[74]　「為謹陳過去空軍教育與訓練之困難及今後補救之方策由」（1939年11月6日）
　　〈空軍教育訓練建議案彙輯〉，《國防部史政編譯局檔案》，國家發展委員會檔
　　案管理局藏，檔號：B5018230601/0028/400.1/3010。

[75]　中國航空委員會自1933年起，分別與美國聯州航空公司合辦「中央杭州飛機製造
　　廠」，與義大利費提亞、卡卜羅尼、伯麥達及薩伏亞等四間航空公廠合辦「南昌
　　飛機製造廠」。雖支援修配美、義各式飛機外，也製造若干飛機，但終因當時中
　　國機械等工業尚不發達，未能製造飛機引擎。參見：劉維開，〈空軍與抗戰〉，
　　頁263；胡光麃，《中國現代化的歷程》（臺北：傳記文學出版社，1981年12
　　月），頁218。

[76]　「為謹陳過去空軍教育與訓練之困難及今後補救之方策由」（1939年11月6日）
　　〈空軍教育訓練建議案彙輯〉，《國防部史政編譯局檔案》，國家發展委員會檔
　　案管理局藏，檔號：B5018230601/0028/400.1/3010。

[77]　「為謹陳過去空軍教育與訓練之困難及今後補救之方策由」（1939年11月6日）
　　〈空軍教育訓練建議案彙輯〉，《國防部史政編譯局檔案》，國家發展委員會檔

當時優秀的飛行員以投入戰場為優先，技術稍差者，方留在學校充任教官，作戰與教育兩者不可兼得。周至柔提出的補救建議「依照各種教育訓練計畫上所需之器材，盡量補充滿足。最低限度應能訓練可保持既有隊數人員之訓練，使其技術不至於退化。請暫停新進人員之造就，減少或停止招募新生，專注於已有之飛行人員的技術增進，以提高訓練質量。」[78] 既然飛機數量嚴重不足，無法有效地進行訓練學生，周至柔認為可以從技術層面著手，提高教育品質。

關於其三教育地點混亂，降低教育品質的另一個原因，是時常遷移的異地授課。從教育地點來說，中央航空學校以洛陽、柳州、杭州等地方，分別進行初、中、高級教育。分成三處異地教育的原因，一方面是為了避免日軍的襲擊，進而輾轉遷移各地練習。二是由於洛陽分校是聘請義大利顧問進行初級教育訓練，初級訓練期滿之後，則赴杭州；柳州進行中、高級教育，並以美國顧問為主的美國航空教育。每一位航空學校的飛行生，均要在這三處學習後方能完成學業，但這樣異地授課的結果卻沒有相對的成效：

案管理局藏，檔號：B5018230601/0028/400.1/3010。

[78] 「為謹陳過去空軍教育與訓練之困難及今後補救之方策由」（1939年11月6日）〈空軍教育訓練建議案彙輯〉，《國防部史政編譯局檔案》，國家發展委員會檔案管理局藏，檔號：B5018230601/0028/400.1/3010。

> 當時以交通阻礙，運輸困難，人員與器材道途中運輸不
> 便，道途為時達數月之久，教育陷於停頓，此各種打擊，
> 不但學生技術為之生疏，而精神影響更難以估計。[79]

　　加上學制的紛亂，亦造成航空教育無法提升品質。1935
年，毛邦初甫自國外考察航空回來，他自認對於英美法義德
俄等國空軍之外型、內質已有相當認識，毛邦初回國以後深
覺中國空軍現況，有未臻妥善之處。空軍教育一為講求學理，
二為精練技術，三為灌輸主義，三者必須一致，不可稍有分
歧。「現在空軍教育則因無整個計畫及確定方針之故，殊不統
一。例如南昌方面之訓練方式既與杭州不同，而將來洛陽航校
之教育方針亦必與杭州有異」並就其認為最重要者列舉缺點：

> 因教育紛歧而發生之弊端：
> 一、學員生所得之學理與技術不能一致。
> 二、各處畢業學員生不能混合編隊。
> 三、若各處畢業學員生各自編隊，則將來作戰時不能合
> 　　作甚或互相嫉妒。欲其共患難同生死，殊不可能。
> 四、無形之中養成派別。[80]

[79] 「為謹陳過去空軍教育與訓練之困難及今後補救之方策由」（1939年11月6日）
〈空軍教育訓練建議案彙輯〉，《國防部史政編譯局檔案》，國家發展委員會檔
案管理局藏，檔號B5018230601/0028/400.1/3010。
[80] 〈空軍改革與建議〉，《國民政府》，國史館藏，數位典藏號：001-070000-

　　因為各學校的教學方式不同，學生們所得之學理與技術無法一致，學生畢業之後因為所學不同亦無法混合編隊進行戰鬥任務。但是各學校畢業學生若各自編隊，則日後作戰時無法通力合作，更會在無形中造成派系的對立情形。時任洛陽分校教育長黃毓沛指出「溯往前吾國陸軍之龐雜而不可收拾者，亦由過往教育行政機關名稱紛雜、派別分區，致重心散失，意志薄弱致之也。今日之我空軍，正在萌芽時代，絕不宜蹈此覆轍」[81]認為必須儘快改正學制紛亂之情形。

第三節　美式航空教育的抉擇與發端

　　1941年太平洋戰爭爆發之前，協助中國空軍發展的國家，有蘇聯、德國、美國及義大利，原先以德國的訓練方法為主，之後受到國際情勢的轉變，最後以美式教育為依歸。1931年，軍政部航空學校成立，此時由德國顧問協助從事各項訓練，但德國本身受到「凡爾賽和約」（*Versailles Treaty*）的限制，不准發展空軍，所以在技術上、經驗上都遜於美國。直到1932年美國陸軍退役上校裘偉德（John H. Jouett）帶領一支非官方性質的顧問團來中國，針對「如何訓練中國的空軍」課題，展開為期三年的調查、計劃與組織中央空軍的工作。蔣中正

00005-004，頁8-9。

[81]　「整理空軍教育案」（1936年2月2日）〈整理航空教育意見案〉，《國防部史政編譯局檔案》，國家發展委員會檔案管理局藏，檔號B5018230601/0024/400.2/5810。

開始多方爭取有關國家派員來華協助空軍：

> 宋代院長勛鑒：軍用飛機應分數處訓練，如德義法有來
> 承辦者，皆可與之切實進行，此後只有盡量訓練空軍，
> 方能致勝，不必限於美國也。如意能承辦，則可在歸德
> 設第二廠校訓練，法則可在彰德設第三廠校訓練，前之
> 五年計畫，期能縮短至三年完成也。托定購美戰鬥機三
> 十架，如有款可先定十八架，如何盼復。中正。[82]

　　從蔣中正給宋子文的電文，可得知中國政府對空軍的迫切
需求，認為軍用飛機應該分置數處訓練。在 1930 年代先有蘇聯
援助中國，後有義大利與美國等兩種教育方式在中國各航空學
校發展。

一、義式航空教育

　　1933 年，「義大利顧問團」的靠攏吸引中國的目光。義
大利是公認最早將飛機用於戰爭的國家，早在 1911 年「義土
戰爭」時，使用飛機進行偵察、轟炸等任務，[83]1925 年更推行

---

[82]　「蔣委員長致宋子文代院長告以軍用飛機應分數處訓練可在歸德建設第二廠校及
彰德設第三廠校訓練電」（1933年3月15日）收入秦孝儀主編，《中華民國重要
史料初編——對日抗戰時期》，緒編（三），頁308。

[83]　夏國富、趙光華等編，《世界航空航天之最》（北京：華夏出版社，1993年），
頁120。

航空發展計劃。[84] 朱里奧・杜黑（Giulio Douhet）在 1921 年完成《制空權》一書，是世界上首部空軍理論，義大利遂成為當時空軍概念先進國家。促成義大利空軍顧問團的出現，主要是因為 1930 年代中義關係的提升。由於 1930 年代世界經濟大蕭條，嚴重打擊義大利在遠東的貿易，所以欲透過更密切的對華外交政策，來加強對中國鋼鐵、化學製品與武器的銷售。1931 年「九一八事變」後，義派駐中國之公使齊亞諾（Galeozzo Ciano,1903-1944）與中國高級官員積極往來，促成中義兩國的友好。1933 年 2 月，孔祥熙（1881-1967）訪義，拜會墨索里尼（Benito Mussolini, 1883-1945）後，促成義大利空軍顧問團來華。[85]

　　義大利空軍顧問團在由勞第（Roberto Lordi）將軍的領導之下組成，人員均為義大利現役空軍軍官，包括 40 名空軍飛行員及 100 名工程師和機械士。[86] 義大利顧問團的主要工作是負責訓練中央航空學校洛陽分校，與協助建設南昌飛機製造廠。[87] 當時，中國空軍內部主張向義大利學習航空教育的軍官，

---

[84] 蔣中正講述，《國民與航空》（南京：拔提書店，1935年），頁87-88。國外新聞，〈義大利空軍擴充計畫〉，《航空雜誌》，1：2（南京，1929年），頁120。

[85] 〈義大利空軍底現狀〉，《先導月刊》，1：3（上海，1928年），頁6；陶魯書，〈義大利空軍近況〉，《革命空軍》，2：5（南京，1935年），頁14-18；杜久，〈義大利空軍組織概觀〉，《空軍》，213（南京，1937年），頁6-16；杜久，〈今日之義大利空軍〉，《軍事雜誌》，131（南京，1941年），頁194-206。

[86] 劉維開，〈空軍與抗戰〉，頁266。

[87] 〈蔣委員長原指定容克斯飛機製造廠在重慶〉，《近代中國》，45（臺北，1985

以洛陽航校代校長黃毓沛等為主。他認為中國應採用義大利
式的航空教育，聘請義大利顧問來華授課，其指出的原因，
首先是歐洲各國飛行學校訓練學生的飛行鐘點以 100 小時左右
為畢業鐘點，在養成上比美式教育更為迅速。

> 歐洲航空教育：除美國以外之國家，一方面固然限於國
> 家經濟之不充裕，不能多設航空製造廠，與汽油非其國
> 之大宗出品。但一方面，則已在能養成一空軍戰鬥及指
> 揮人員之學術原則上而謀航空之發展。世界各國之航空
> 教育，訓練學生在學校之飛行鐘點，皆以一百小時左右
> 為畢業之飛行鐘點，故歐洲航空教育，則成為世界普遍
> 之航空教育，亦非無因也。[88]

　　黃毓沛認為「意國乃歐洲最強而工業最發達之國家，其航
空教育、學校訓練學生之飛行鐘點，亦僅定為一百小時，我
國工業不振，甚於歐洲各國，發展航空，應採取何種航空教
育，自可決之。」[89]他指出由於美國政府鼓勵航空工業的發展，

　　年2月）。

[88] 「整理空軍教育案」（1936年2月2日）〈整理航空教育意見案〉，《國防部史政
編譯局檔案》，國家發展委員會檔案管理局藏，檔號：B5018230601/0024/400.
2/5810。

[89] 「整理空軍教育案」（1936年2月2日）〈整理航空教育意見案〉，《國防部史政
編譯局檔案》，國家發展委員會檔案管理局藏，檔號：B5018230601/0024/400.
2/5810。

美國國內航空工業發達，可以在戰事爆發的時候「製出常備飛機三倍之數」[90]，加上美國是以販賣飛機及汽油為獲利方式：

> 至其製出之飛機，除一方面盡量獎勵民眾發展民用航空者外，其餘者，政府及航空學校與航空部隊，需負責代其試用新出品之優劣。使其得知改良，並代其推銷各國，使其經濟補助，減輕政府維持負擔。所以美國航空教育，在本國因為飛機之源，出廠與汽油乃其國大宗出品之一。[91]

美國航空教育方式能夠採用高時數訓練的方法，美國顧問當然也會將航空教育模式傳授於學生。

> 對於航空學校教育訓練鐘點則增加飛行時間，減少地面學術科時間，故每一學生受學校教育，須飛行二百小時始畢業。至其他國家之聘請美國航空顧問者，自然該顧問必將其所學方法而教授之。並就該顧問須為其政府負責推銷飛機與汽油，焉能顧及聘請國家之無謂虧損。[92]

---

[90] 「整理空軍教育案」（1936年2月2日）〈整理航空教育意見案〉，《國防部史政編譯局檔案》，國家發展委員會檔案管理局藏，檔號：B5018230601/0024/400.2/5810。

[91] 「整理空軍教育案」（1936年2月2日）〈整理航空教育意見案〉，《國防部史政編譯局檔案》，國家發展委員會檔案管理局藏，檔號：B5018230601/0024/400.2/5810。

[92] 「整理空軍教育案」（1936年2月2日）〈整理航空教育意見案〉，《國防部史政

　　黃毓沛認為當時中國的航空尚在萌芽階段，科學技術落後，而航空教育所需之一切器材及原料，皆仰給於外國。原料與器材使用不節省，已足以使國家貧窮，不利於航空發展。苟再有訓練不得其方法之教育機關而茫然教育之，則國家器材之無謂損失，國家人才之無謂犧牲，此種航空教育機關，對於國家實有害而無益。航空教育應以基本飛行的確實駕駛為基礎，進而運用作戰技能為教育方法，絕對不許授以皮毛教育，強以高深演習之事實。否則，則基礎不顧，危險叢生。黃毓沛指出若依照美國教育模式來進行體檢，無法滿足中國及育養成大量飛行員的需求。

> 我國國民，對於體育，素不講究，故每期招考飛行生，檢驗體格能及格者，僅有百分之五，如第五、六期學生，報名時人數有五千餘名之多，而經美體格檢測標準檢驗後，能及格者僅二百餘名，其招生之困難，概可想見。且我國航空正在萌芽時期，空軍人員急待培養，此為國人所公認，淘汰學生之舉，自當審慎行之，萬不能隨便，而挫折我國航空發展之前途。據以上數節，杭州航校目前之教育，於我國發展航空之進程中，急有改組之必要。[93]

　　編譯局檔案》，國家發展委員會檔案管理局藏，檔號：B5018230601/0024/400.2/5810。

[93]　〈整理航空教育意見案〉，《國防部史政編譯局檔案》，國家發展委員會檔案管理局藏，檔號：B5018230601/0024/400.2/5810。

　　義大利的訓練方式並不被中央航空學校接受，義大利顧
問與中央航空學校的美國顧問理念極為不同。教育理念方面，
義大利式航空教育強調學科，美國式教育則偏重術科訓練。[94]
受義大利模式訓練之畢業學員，素質不精便是致命傷。根據
陳納德的回憶：

> 義大利人在洛陽創辦的空軍學校堪稱「絕無僅有」，所
> 有完成訓練課程的學員都能畢業，不管實際能力如何，
> 都可以畢業，都算技術全面成熟的飛行員。[95]

　　義大利的訓練模式是「所有完訓學員都能畢業，不管實際
能力如何。」這與美國的嚴格訓練模式截然不同。美式教育
在訓練初期就把不具競爭力的人淘汰出局，只有最優秀的學
員才能獲准畢業。中國的空軍學生，多係由中國上層階級家
庭選拔出來，當中國學生被美國顧問主持的筧橋航校淘汰，
便引起學生家長對蔣中正的抗議。「義大利式的教育方針，
剛好解決中國的社會問題，但卻毀了中國空軍」。[96]更有留學
義大利的學生指出，「義國航空教育並無出奇學術教授，他
日應改派機械及製造之學生留義」。[97]

---

[94] 許希麟、劉文孝，《劉粹剛傳》（臺北：中國之翼出版社，1993年），頁109。
[95] 陳納德著、陳香梅譯，《陳納德將軍與中國》，頁40。
[96] 陳納德著、陳香梅譯，《陳納德將軍與中國》，頁40。
[97] 「蔣堅忍電蔣中正留義飛行生范伯超稱義國航空教育並無出奇學術教授他日應

　　航空器材方面，曾任中央航校航空機械教官的錢昌祚指
出，義大利顧問主張「窮國家對於航空器材應積極修復」，
美方主張「棄舊破壞」。[98] 義大利飛機品質不佳，與其本國工
藝技術有直接關係，品質不良是首要問題，其次是材料科技
趕不上氣動力設計也是一大問題。[99] 除此之外，義大利顧問亦
提到「中國官員多任用私人，航委會中之黃秉衡、陳慶雲、
周至柔等，均為此，一人去職，則所用私人均聯帶去職。使
義顧問所貢獻之計劃，多不能採納實現，此為我等任職中國
毫無成績之最大原因」。[100] 反映出中央航空學校對義式教育的
排斥。中央航空學校自 1932 年起，聘請美國顧問進行指導，
深受美式作風洗禮。即使在美國顧問已大部分返美的情況下，
義國顧問仍不得其門而入，不但義式訓練進入不了中國飛行教
育的主流體系中，連義大利模式訓練的學員也要再經杭州筧
橋本校才能被認可。[101] 義大利顧問言「命我等任顧問與指導，

改派機械及製造之學生留義等文電日報表」，〈一般資料－呈表彙集（三十
　　四）〉，《蔣中正總統文物》，國史館藏，數位典藏號：002-080200-00461-
　　081。
[98] 錢昌祚，《浮生百記》，頁44。
[99] 江東，〈汪柱臣先生訪談錄〉，《航空史研究》，43（西安：西北工業大學航空
　　史研究室，1994年），頁49-50。
[100] 「義顧問伍利亞、馬丁尼談話」（1934年），〈粵省空軍歸順中央案〉，《國
　　防部史政編譯局檔案》，國家發展委員會檔案管理局藏，檔號：B5018230601/
　　0025/570.33/2620。
[101] 錢昌祚，〈服務航空界的回憶〉（上），《傳記文學》，23：5（臺北，傳記文學
　　出版社，1973年），頁36；吳餘德，〈戰前中國空軍的發展（民國17-26年）〉
　　（臺北：私立中國文化大學歷史研究所碩士論文，1997年），頁64-65。

但事為安家駒一人包辦，不納我等一言，視我等為陌路人，我等每日惟有閑坐機場而已。至於學科方面，原定我等每人每週授課十小時，而結果每人每週只有三、四小時，無形減少工作，我等服務中國，本擬稍盡所能，協助中國空軍發展，但處此環境，無能為力。」[102]

　　由於義大利的訓練方式並不被中央航空學校接受，加上蔣中正對空軍建軍的殷切，認為「只有盡量訓練空軍，方能制勝」，所以主張「軍用飛機應分數處訓練」、「不必限於美國」、「如德、義、法有來承辦者，皆可與之切實進行」。[103]航委會於是就中央軍校八、九、十期畢業生，考選 120 人，於 1934 年 7 月，設立第五期飛行甲班於南昌，由義大利顧問教授飛行。使用義大利製 BA-25 教練機。同年 11 月，航委會派中央航校教育處長黃毓沛籌備洛陽分校。1935 年 4 月，五期甲班改組為「洛陽分校」，在教育行政系統上，直隸屬航委會，一切工作方式，大致仿效中央航校，但工作之實施則互不相屬。[104]這樣的做法，除了反映義式教育與美式教育理念之爭，也透露出中央航校與航委會之間的關係。

---

[102] 「義顧問伍利亞、馬丁尼談話」（1934年），〈粵省空軍歸順中央案〉，《國防部史政編譯局檔案》，國家發展委員會檔案管理局藏，檔號：B5018230601/0025/570.33/2620。

[103] 「蔣委員長致宋子文代院長告以軍用飛機應分數處訓練可在歸德建設第二廠校及張德設第三廠校訓練電」（1933年3月15日）收入秦孝儀主編，《中華民國重要史料初編——對日抗戰時期》，緒編（三），頁308。

[104] 中華民國國民政府航空委員會編，《空軍沿革史初稿》，頁312。

　　不過，洛陽分校的總飛行時數僅中央航校一半且較低淘
汰率，相較於美式菁英訓練，不免令人懷疑洛陽分校學生的
素質；加上兩套不同教育制度孕育下的學生，日後進入部隊
後，其不同的習慣與思考模式，也將成為管理上的一大隱憂。
於是 1936 年，已受完高級飛行訓練的五期甲班學生，被調返
筧橋校本部再訓練，尚在洛陽分校訓練中的六期乙（二）班
學生，亦返回杭州從初級訓練開始。1936 年 5 月，洛陽分校
改組，由王叔銘接任主任，洛陽分校改為專門辦理初級飛行
教育，杭州筧橋本校則繼續中、高級訓練。[105] 至此，即宣告
義式航空教育正式結束，為時不到兩年。

二、確定效法美式航空教育

　　與此同時，南京國民政府亦將目光投注美國身上並尋求援
助，1932 年美國陸軍上校裘偉德（John H. Jouett）的訪華可視
為開端。[106] 促成這支美國顧問團來中國的關鍵人物為宋子文。
宋子文拜訪美國駐上海的商務贊艾德華 • 霍華德（Edward P.
Howard）以及捷蘭 • 阿諾德（Julian Arnold）。霍華德推薦裘
偉德組織一支軍事顧問團，並引薦給宋子文。美國商務部對
於這個有助於開拓中國軍火市場的組織相當熱心，在協助編

---

[105] 中華民國國民政府航空委員會編，《空軍沿革史初稿》，頁97-98。
[106] 傅寶真，〈在華德國軍事顧問史傳（四）〉，《傳記文學》，25：2（臺北，
　　1974年8月），頁84。

組與來華過程均給予相當大的協助。[107]

　　裘偉德出身美國陸軍航空學校，曾在美國陸軍服務了二十年，退役之後在一家煤油公司工作。當他接受中國政府的聘僱後，先去檢查 200 名已成為後備役的美國陸軍航空學校畢業生成績，從這些人之中，挑選 10 名飛行教官、5 位機械師、1位航空軍醫和 1 位秘書，一同至中國進行教學（參閱表 2-2）。他並以美國陸軍航空學校的教程和原則為藍本，為中央航空學校建立了一套美式訓練計畫，培育中國的飛行、機械人才。[108]

表2-2　美籍顧問團名單[109]

職稱	姓名
副顧問兼飛行主任	羅蘭（Harry T. Rowland）
驅逐教官	甘 特（W. C. Foxy Kent）、沈世博（Roland L. Sansbury）、葛林勞（Harvey Greenlaw）、開萊
轟炸教官	向能（Ellis D. Shannon）、奈天（Morris R. Kinight）、戴勒（Thomas Taylor）
偵察教官	賀伯樂（Bucius R. Roy Holbrook）
攻擊教官	史惠澤（John M. Schweizew）
副顧問兼修護廠主任	克拉克（Gerardus B. Clark）

[107] 從裘偉德回憶可知此段發展：J. H. Jouett著、馬思譯，〈我們怎樣建立了中國的空軍〉，《中國空軍的新神威》（湖北：戰時出版社，1938年），頁8。相關討論請參見：國防部史政編譯局，《國民革命建軍史　第二部：安內與攘外（二）》，頁1611；吳餘德，〈戰前中國空軍的發展（民國17-26年）〉，頁90。

[108] 劉維開，〈蔣公與中國空軍的建立（民國17年至民國26年）〉，頁86；J. H. Jouett著、馬思譯，〈我們怎樣建立了中國的空軍〉，《中國空軍的新神威》（湖北：戰時出版社，1938年），頁8；卓文義，《艱苦建國時期的國防建設》，（臺北：臺灣育英社文化事業有限公司，1984），頁229-230。

職稱	姓名
機械總教官兼保險傘教官	史奔沙（W. A. Spencer）
機械教官	史蒂文生（D. R. Stevenson）
發動機維修兼試飛員	溫茄特（Edward W. Wingerter）
工程師兼試飛員	柴姆曼（Paul G. Zimmerman）
首席工程師	潘寧頓（W. H. Penington）
機械員	卡佛林（James A. Coughlin）
機場維護剪草員	甘愛（Franklin G. Gay）
航空醫學	哈路德・古柏（Harold Cooper）、艾德治・亞當斯（Eldrige Adams, 續任）
秘書	艾瑪・韋德（Alma Wade）

資料來源：〈中央航空學校美籍顧問簡明履歷表〉（1932年10月），《國防部史政編譯局檔案》，空軍軍史館藏，檔號：2928-13-C2101。

　　裘偉德針對「如何訓練中國空軍」的課題，展開為期三年的調查、計劃與組織中央空軍的工作。[109] 裘偉德一方面規劃中國中央空軍的訓練，一方面制訂了「五年航空發展計劃」，中央空軍的基礎於是在中美合作之下奠定。[110]

　　根據裘偉德自述，經過 1931 年「九一八事件」及 1932 年「一二八事件」後，中國政府相信與日本進行生死決戰的日子不遠了。日本以海軍優勢封鎖中國海岸線，中國和外界的貿易必須依靠海洋，然而要建立一批足以保護航路的海軍需要好幾年的時間，甚至追趕不上日本。於是中國政府決定建

---

[109] 劉維開，〈空軍與抗戰〉，頁262。
[110] J. H. Jouett，〈我們怎樣建立中國空軍〉，《空中英雄》（湖北：漢口自強出版社，1938年），頁67；傅寶真，〈在華德國軍事顧問史傳（四）〉，頁84。

立轟炸機隊，加上驅逐機、攻擊機及運輸機等，可以在較少的代價之下發生有效的防禦力。[111]

　　裘偉德一行來中國的途中，他們訂了當時美國陸軍航空學校最新的教本。這些教本都是以美國陸軍航空學校的教程和原則為藍本，並計畫了各種教程作為教學使用。他們相信美國絕無捲入中國戰爭的可能性，因此就把他們畢生所學的軍事航空知識都貢獻出來。值得一提的是當時中國對美國的友好態度，因為庚子賠款協定的緣故，中國部分學生接受著美國新式教育的洗禮，政府中許多要員都是美國的留學生，自然而然地傾向美國。再加上當時的美國軍事航空設備，被公認為是最優秀的。上述的兩個原因，使裘偉德一行人在中國頗受歡迎。[112]

　　抵達中國之後，裘偉德很快就發現中國的飛行員飛行能力不足，於是進行了大動作的汰除，並重新招募學生。當時的飛行員約 200 人，但經由他考驗的結果，200 人中卻有 150 人缺乏飛行的能力和天賦。他們沒有達到中央航空學校的規定標準，被列入汰除名單中。這些被列入汰除名單的人員，無所不用其極地想利用關係保留飛行資格。但裘偉德特別向蔣中正表示「凡是被列入汰除的飛行員，無論如何不得復職。」

---

[111] J. H. Jouett著，馬思譯，〈我們怎樣建立了中國的空軍〉，頁5。

[112] John, C. Jonett, H.，〈美國顧問訓練中國空軍〉，《國際問題》，1：1（上海，1938年），頁5。

而進行大動作的人員更新。報考中央航空學校的人數非常多，要招足必要的學額並非困難的事情。裘偉德原先計畫先訓練100名飛行生，結果因為報名人數踴躍，最後錄取了150名學生。[113]

　　緊接著開始選擇飛機場的位置。空軍飛機場的位置選擇十分重要，必須要考量到接濟地點、交通以及與各戰鬥單位所在地距離。裘偉德就個人經驗，主張把空軍的力量分散在中國各地。同時，為了方便指揮各個單位，他建議設立空軍總司令部，並由蔣中正擔任總司令，由蔣宋美齡擔任航空委員會秘書長，周至柔為司令，毛邦初為總指揮。[114]

　　初期訓練用的飛機，主要是裘偉德來華時，代為訂購的15架弗力提（Fleet）初級教練機、21架可塞機（Corsair）。[115]中級班訓練、轟炸教練，使用小道格拉斯（Douglas）及美製T-6型教練機。[116]容克（Junder K-47）作驅逐教練，之後又添購50架霍克II型（Hawk II）、38架可塞機、20架費亞特（Fiat）、12架諾斯羅卜（Northroap）輕轟炸機。[117]1934年，航空委

[113] J. H. Jouett著，馬思譯，〈我們怎樣建立了中國的空軍〉，頁6。

[114] John, C. Jonett, H.，〈美國顧問訓練中國空軍〉，頁6。

[115] 劉永尚，《陳衣凡將軍口述回憶》（臺北：中華民國航空史研究學會，2003年），頁46。

[116] 賴暋，《賴名湯先生訪談錄》上冊，頁46；劉永尚，《陳衣凡將軍口述回憶》，頁21。

[117] 引自華中興，〈抗戰前中央航校的飛行教育（1932-1937）〉，頁375；鄭會欣，〈中美航空密約辨析〉，《歷史檔案》，4（北京，1988年），頁108；姜長英，《中國航空史》，頁62-64、377。

員會與美國寇帝斯（Curtiss）公司合資在杭州筧橋設立「中央杭州飛機製造廠」，之後更有道格拉斯（Douglas）及聯洲（Intercontinental）兩間公司加入。1934 年 10 月開工，成為中國正式製造飛機的濫觴。[118]

　　美國與義大利兩種教育模式何者較適合中國？隨著美國租借法案的通過，中國預期能夠向美方取得飛機，加上中美軍事合作的建立，中國航空教育至此以美式教育為依歸。徐培根（1895-1991）認為空軍的團結至為重要，況且目前筧橋航校按照美國顧問所定的訓練計畫已有相當成效，不贊成聘請義國顧問教練。[119] 徐培根曾致電蔣中正：

> 特急　蔣委員長鈞鑒敬悉協密關於籌辦洛陽分校聘請意國顧問教練一節，經與宋部長、孔總裁、毛副校長一再商洽，詳加研究，以為未來空軍之基礎，端在軍官團結。目前航校按照美國顧問所定計劃訓練已著有成效，將來洛校教育仍擬本此計劃進行，以維系統而故團結。茲奉前電洛校由意人教練一節，誠恐顧問間因國籍關係，難以相安。將來畢業學生或致分成派別，若初級飛訓由美

---

[118] 〈何應欽對五屆三中全會軍事報告〉，《何上將抗戰期間軍事報告》上冊，頁40。胡光麃，〈中國現代化的歷程〉，傳記文學出版社，臺北：1981年，頁84。

[119] 徐培根（1895-1991），譜名孝瑞，浙江象山人，先後畢業於保定軍校第三期、陸軍大學第六期。1922年7月10日任軍政部航空署署長。張朋園、沈懷玉編，《國民政府職官年表》（臺北：中央研究院近代史研究所，1987年），頁133、134。

　　人教練、高級教育由意人主持或相互更調。亦覺辦法卻
　　妥恐茲流弊。復按我國聘用軍事顧問以往事實，如袁世
　　凱時代聘用英、德、日顧問互相攻訐，無俾事功，可資
　　借鏡。[120]

　　宋子文則建議蔣中正「軍事航空訓練交由美國顧問，民用
航空訓練交由義大利顧問」，訓練方面能一致，方可以提升
效力。[121]

　　兄與美顧問訂定合同，將軍用航空完全交託訓練，本此
　　原則極為適當，若分頭辦理德、法、義、美同時並進，
　　其訓練、設置、方法各自不同，安能望其運用一致？效
　　力必然減少。於軍事上恐害多而利少也。[122]

　　1930年代中國航空教育，先有德、美、義、蘇等國外籍

---

[120] 「徐培根電蔣中正既已聘定義籍教練到署擬即派航空隊訓練至航校及洛校學生仍
　　由美人訓練對籌備洛校及教育計畫將偕毛瀛初至贛面陳」。〈一般資料——民
　　國二十二年（五十二）〉，《蔣中正總統文物》，國史館藏，數位典藏號：002-
　　080200-00122-089。

[121] 「宋子文呈蔣中正軍用飛機制度應劃一建議軍用航空訓練交予美國顧問民用航空
　　訓練託付義大利」。詳見：〈空軍編訓（二）〉，《蔣中正總統文物》，國史館
　　藏，數位典藏號：002-080102-00087-004，頁1-2。

[122] 「宋子文呈蔣中正軍用飛機制度應劃一建議軍用航空訓練交予美國顧問民用航空
　　訓練託付義大利」。詳見：〈空軍編訓（二）〉，《蔣中正總統文物》，國史館
　　藏，數位典藏號：002-080102-00087-004，頁1-2。

顧問參與，但德國顧問無論時間、影響程度均不顯著。義大利顧問雖一度建立其獨特的訓練模式，但在未被普遍接受的情況之下，兩年即告結束，唯有美國裘偉德顧問團，因參與空軍軍官學校的建設，產生規模較為廣大的影響力，歷經數十年而不衰。

03

CHAPTER

太平洋戰爭時期空軍官校
學生赴美學習與訓練

此行為中國歷史上空軍學生集體出國受訓之第一次紀
錄，近年中國赴美留學員生，其之謂雖較過去一般僑胞
及自費生為進步。然尚有若干不檢之處，資人以詬病。
諸生此行前程遠大，任務繁重，凡有一言一行，不僅國
格、軍譽所關，且對此後分批派員生所受之影響至鉅。
設有絲毫玷辱行為，實為國家、民族與祖先子孫整個之
恥辱。此不可不相與警惕以自勵。[1]

　　1941 年 9 月蔣中正對將赴美受訓的第一批空軍學生進行
訓勉，這是中國歷史上空軍學生集體出國受訓之首次紀錄。自
1941 年 11 月起，分別派遣航校第 12 到 16 期學生赴美國亞利
桑那州鹿克機場（Luke Field）和威廉斯機場（Williams Field）接
受美國陸軍航空隊的飛行訓練。至 1945 年太平洋戰爭結束前，
一共有八批留美學生，在美完成訓練後返回中國投入戰場。[2]

第一節　中美空軍訓練合作的交涉

一、中央航校遷移昆明

　　1937 年 7 月，中國對日抗戰爆發，由於杭州筧橋距離上

---

[1] 「蔣委員長對赴美受訓學生訓詞」（1941年9月7日），〈蔣委員長對赴美受訓學
生訓詞〉，《國防部史政編譯局檔案》，國家發展委員會檔案管理局藏，檔號：
B5018230601/0030/144.2/4424。
[2] 厚非，〈留美空軍談往事〉，《中國的空軍》，5：2（成都，1944年），頁17-18。

海很近，且都位在海岸線上，容易受敵人侵襲，因此必須向
內地遷移。同年 8 月，中央航空學校遂急促西遷，除部份暫
留杭州作空中抗敵準備，其餘則輾轉經由上海、南京、漢口
而至湖北孝感，旋由漢口、衡陽經湘桂公路而抵廣西柳州。
1937 年 9 月，中央航空學校奉命全部遷移雲南昆明，10 月底
全部到達，開始訓練。此時，洛陽、廣州兩分校，相繼由空
中與地面兼程趕至柳州，並與前廣西航空學校合併。[3]1938 年
1 月，正式更名為「中央航空學校柳州分校」。至此，中國航
空教育於焉全部統一於中央航空學校系統。[4]

　　1938 年，中央航空學校奉令自該年 7 月 1 日起，定名「空
軍軍官學校」，由周至柔擔任教育長。由於柳州的飛行訓練，
受到戰事的影響，柳州分校不得已分兩路遷往昆明：一路由
龍川轉滇越鐵路，一路由桂黔分道遷抵昆明，教練機則編隊
飛往昆明。[5]

　　官校遷徙到地勢高亢的雲南後，由於各項適用器材不易取
得，合用機場與相關建築趕築不易，訓練方面困難倍增。[6]在

[3]　洛陽分校由天空及地面遷移柳州，在桂林李家村訓練3個月，再行轉桂。柳州原為
　　廣西航空學校所在，至此奉命與洛陽廣州兩分校合而為一，改稱中央航空學校第
　　一分校，11期即受地面教育於此。參見：日立，〈空軍軍官學校小史〉，《航空
　　建設》，3：1（重慶，1948年），頁17-18。
[4]　卓文義，《空軍軍官學校沿革史》（岡山：空軍軍官學校，1989年），頁67。
[5]　卓文義，《空軍軍官學校沿革史》，頁67-68。
[6]　陳容甫，〈記中國空軍軍官的培育〉，《航空生活》（南京：中國的空軍出版
　　社，1946年），頁119。

昆明飛行訓練只有巫家壩機場，飛機多而場地小，附近缺乏
輔助機場，不但影響教育進度，而且容易遭受空襲導致重大
損失。1939 年 3 月，於是頒發新編制，區分為三班。原柳州
分校改為初級班，移駐雲南驛（祥雲），另設中級班於蒙自，
高級班附屬於校本部，仍在昆明訓練，並將在重慶之航委會
偵察班及駐防新疆伊寧之轟炸班合併，成為偵炸班，班址設
在滇東楊林。至此，空軍官校四個訓練班次遂分成四個地點：
祥雲（初級）、蒙自（中級）、昆明（高級）、楊林（偵炸）
分別施訓。[7]

　　此時的航空器材，多仰賴蘇聯的援助。蘇聯認為，中日兩
國的軍事衝突，將有助於其實現赤化世界的目標，希望能延
長中日戰爭，間接培植中共的武裝能量，因此對當時中國在
外交和軍事物資的供給上，都表現合作的態度。[8]1939 年 7 月，
空軍官校第九期畢業生，開始赴西北接受蘇聯援助軍機，受
駕駛訓練。[9]歐美等國的態度大多仍舊冷淡。

---

[7]　卓文義，《空軍軍官學校沿革史》，頁68。

[8]　1937年8月21日，中蘇兩國簽訂互不侵犯條約，條約中規定「倘締約兩國之一方受
到第三國侵略時，則其對方不得對該第三國予以直接或間接的任何協助」。1937
年11月起，蘇聯軍事顧問開始在中國工作。同時為了便利運輸，蘇聯從阿拉木圖
修建一條公路到甘肅蘭州，並以蘭州作為從蘇聯運輸軍火器材至中國的轉運站。
詳請參見：亞、伊、趙列潘諾夫等合著、王啓中譯，〈蘇俄來華自願軍的回憶
（1925-1945）〉，收入《蘇俄在華軍事顧問回憶》（臺北：國防部情報局，1978
年），頁142、209；劉維開，〈空軍與抗戰〉，收入國防部史政編譯局主編《抗
戰勝利四十周年論文集》（臺北：國防部史政編譯局，1985年），頁279-281。

[9]　陳容甫，〈記中國空軍軍官的培育〉，頁119。

　　此時美國因籠罩在「孤立主義」之下，對外採取中立政策，對中國態度十分冷淡。加上美國國會通過中立法案，使「孤立主義」得到立法的保障，對外國事務持消極態度。1937 年「七七事變」發生時，美國雖對中國表示同情並公開譴責日本的侵略行為，但卻缺乏具體行動。當日本飛機對中國展開轟炸與掃射時，美國的反應是：竭力避免捲入中日戰爭，並禁止任何美國人參與中國空軍的活動。[10] 就在美國對戰爭採取觀望態度時，1937 年 6 月，陳納德來到中國，他不理會美國的限制，不但在中日戰爭發生後未立即返回美國，甚至更積極地投身於中國抗戰的行列。陳納德抵達中國後，考察了中國空軍現況，對航委會提出整建中國空軍的計劃。[11] 與此同時，蘇聯因希冀藉由中國來削弱日本的軍事力量，於是對中國伸出援手，派遣空軍運輸物資。1937 年 8 月 21 日，兩國在南京簽訂《中蘇互不侵犯條約》，同年 11 月，中國空軍蘇聯志願隊成立，協助中國對日作戰。在教育訓練方面，[12] 蘇聯空軍志願隊協助伊寧教導隊，訓練空軍官校第九期與第十一期學生。伊寧教導隊自 1938 年 8 月籌辦，總隊長為楊鶴霄（1904-1950），副隊

[10] 劉妮玲，〈陳納德與飛虎隊〉，收入國防部史政編譯局編，《抗戰勝利四十周年論文集》上冊（臺北：國防部史政編譯局，1985年），頁708。

[11] 「蔣中正電周至柔前批定空軍兩年訓練計畫應即定期實施請與陳納德切商並請其負責主持對於訓練器材之購辦與訓練地點及其設備等皆應切實規定詳報」，〈領袖指示補編（十三）〉，《蔣檔》，典藏號：002-090106-00013-153。

[12] 國防部史政編譯局編印，《國民革命建軍史——第三部：八年抗戰與戡亂（二）》，頁1349、1370-1371。

長三人，其中一人為俄籍，稱為總顧問。[13] 訓練內容完全採蘇聯方式進行，由俄籍教官擔任學科與飛行訓練。[14] 陳納德與蘇聯空軍志願隊經常在具體作戰計畫上共同協商。[15]1938 年底，在陳納德指揮之下，籌組了一支「國際航空隊」，成為戰爭期間在中國的外籍雇傭空軍部隊。[16] 該隊由陳納德指揮，但因作戰系統分歧不一，加上成員組成複雜，遂於 1938 年 3 月解散。[17] 歐戰爆發之後，蘇聯援助逐漸中斷。

　　1937 年至 1938 年 4 月止，中國向歐美訂購的飛機，總共有 363 架，但實際運抵者 72 架，待裝者 13 架，其餘皆未運到。[18] 歐戰爆發後，蘇聯對中國的援助逐漸中斷。

　　1942 年冬，中國因取得租借法案之便，決定將初級班遷往印度。空軍官校教育長王叔銘飛往印度與英駐印總督魏菲

[13] 勞家彥，〈伊寧空軍教導隊雜憶（一）〉，《中國的空軍》，第560期（1986年9月），頁24；李繼唐，〈冰天雪地學飛行──憶抗戰空軍伊寧教導總隊（上）〉，《中國的空軍》，第563期（1986年12月），頁21。

[14] 〈外籍空軍志願隊參加抗日戰史〉，《國防部史政編譯局檔案》，檔號：B5018230601/0026/152.1/2320。

[15] 陳納德（Claire Lee Chennault）著，陳香梅譯，《陳納德將軍與中國》（Way of a Fighter: the Memoirs of Claire Lee Chennault）（臺北：傳記文學出版社，1978年），頁49、59。

[16] 安德，〈「正義之劍」：蘇聯空軍志願隊在中國（1937-1941）〉（臺北：國立政治大學歷史研究所博士論文，2016年），頁2-8。

[17] 「黃光銳等電蔣中正據報空軍顧問陳納德對空軍戰略見解及敵情判斷與蘇俄籍顧問見解不同故雙方對作戰主張未能協調等情報日報表等四則」，〈一般資料──呈表彙集（八十三）〉，《蔣檔》，典藏號：002-080200-00510-011。

[18] 「航空委員會主任錢大軍報告，向歐美訂購各種飛機交貨及裝配情形」，〈航委會業務報告〉，《國防部史政編譯局檔案》，國家發展委員會檔案管理局藏，檔號：B5018230601/0026/109.3/2041.2。

爾會商，魏菲爾欣然同意提供訓練基地，旋即派其部屬卡特，帶領勘察孟買、新德里、臘河等三基地。王叔銘最後選定有新機場、新房舍，且氣候不悶熱的英屬印度旁遮普省（Punjab）臘河（Lahore）。[19] 此時由於外援中斷，訓練難以為繼，為確保空軍後續戰力，空軍官校初級班全部官生，即於 1943 年 2 月起開始空運，飛越駝峰而達臘河，以該地郊外民用機場作為飛行訓練基地。[20] 派徐康良為首任臘河分校主任，旋由胡偉克繼任。[21] 臘河分校分校成立後，不久美方開始軍援 PT-17 教練機，提供在臘河分校受訓的空軍官校第 16 期學生使用。[22]

　　1943 年 3 月，空軍官校飛行第十四期生畢業。5 月，王叔銘調任空軍第三路司令兼空軍指揮參謀學校教育長，空軍官校教育長一職由劉牧群繼任。1943 年 5 月 20 日，飛行第十五期生畢業。嗣後，從第十六期起至第二十四期各期學生，都在昆明受初級飛行預備訓練後，即分期送印度臘河進行初級訓練。[23] 在印度臘河完成初級訓練後，直接送到美國受中級與高級飛行訓練。[24]

---

[19] 林月春，〈空軍官校的創建與抗戰時期之發展〉，《軍事史評論》，22（臺北，2015年），頁250。

[20] 日立，〈空軍軍官學校小史〉，頁18。

[21] 卓文義，《空軍軍官學校沿革史》，頁68-69。

[22] 劉文孝，《中國之翼》，第四輯，（臺北：中國之翼出版社，1993年），頁51。

[23] 「對移印訓練研究之得失及擬具之辦法」（未標日期），〈空軍幹部會議案（三十三年）〉，《國防部史政編譯局檔案》，國家發展委員會檔案管理局藏，檔號：B5018230601/0033/003.8/3010.3。

[24] 日立，〈空軍軍官學校小史〉，頁18；卓文義，《空軍軍官學校沿革史》，頁

二、美方來華調查與合作交涉

自 1937 年 7 月以來，中國與日本進入交戰狀態，中國多
方尋求外國的軍事協助，美國也是中國政府亟欲爭取合作的對
象。當時美國透過實質的借款、對日禁運戰略物資等方式，以
表示其反對日本侵略中國的立場。1941 年 3 月，美國開始實施
租借法案（*Lend-Lease Act*），中國獲得美國軍火的公開援助，為
加強空軍戰力，中國當局乃決定轉向美國承購各型飛機。1941
年 2 月，羅斯福（Franklin D. Roosevelt）派其助理居里（Lauchlin
Currie）來華，考察中國的政治經濟情況，主要任務即是為實施
租借法案而研究中國的需要。在蔣中正與居里的重慶會談備忘
錄中，表明目前中國所需的空軍裝備與飛機之數量，甚能依照
宋子文所提出的要求，充分撥發，提早運輸。[25] 此時中國的總目
標是增加 1,000 架飛機，其第一步先組織 500 架（參閱表 3-1），
包括驅逐機 350 架，轟炸機 150 架。[26]

68-69。
[25]　「蔣委員長在重慶接見居里先生告知請其攜美之備忘錄內述要點十項並就備忘
　　錄所列各點與居里有所商討談話紀錄」（1941年2月26日），收入秦孝儀主編，
　　《中華民國重要史料初編──對日抗戰時期》，第三編：戰時外交（一），頁
　　591-595。
[26]　〈飛機補充計劃〉，《國防部史政編譯局檔案》，國家發展委員會檔案管理局
　　藏，檔號：B5018230601/0030/570.33/1241。

表3-1　500架第一線作戰飛機之補充數量表

機種	架數	每月平均全毀率	每年需補充數
P-39 式驅逐機	350	25%	1,050
轟炸機	150	25%	270
長距離快速偵查機	20	15%	36

資料來源：作者整理自〈飛機補充計劃〉，《國防部史政編譯局檔案》，國家發展委員會檔案管理局藏，檔號：B5018230601/0030/570.33/1241。

　　隨著日軍在東亞的軍備擴張，美方認為已經影響到西太平洋的安全，在珍珠港事變之前，美方已有意監控日本在太平洋地區的活動。不料事變之後美日隨即展開對戰，為了牽制日軍，考察中美間合作的可能性，在中國政府不斷敦促下，美國終於對中國空軍的緊迫需要予以回應。首先是 1942 年居里訪華時曾當面向蔣中正建議，由美國派遣高級空軍軍官來華。蔣中正對此甚感興趣，立即囑咐正在美國的宋子文在居里返回美國後，儘速與其接洽。1941 年 3 月 2 日，美國軍部派遣一空軍考察團來華，實地考察中國空軍的狀況，並提出務實的建議。該團由克拉奇（H.B. Clagget）准將領隊，從 1941 年 5 月 17 日到 6 月 6 日在中國進行考察。[27] 其間除數度與蔣中正面談外，還和當時有關官員會商，包括何應欽、周至柔、毛邦初等將領。更重要的是該團還進行了實地視察，包括重

[27]　周乾，〈論1941年美國總統特使居里訪華的起因和由來〉，《抗日戰爭研究》，1（北京，2006年），頁183。

慶、成都、昆明，對於地面設施和運作情形進行仔細檢查。[28]

考察團將視察中國空軍的心得撰寫成報告，大致可分為三大部分。第一部分是克拉奇將軍對其所接觸到的中國政府各級官員總體印象，甚為正面。團員在將近20天的訪問視察過程中，中國主動提供有關空軍的各項數據，把軍事機密文件給美國人閱讀並允許做紀錄。所有空軍機關及設施均開放給美國人視察，包括指揮部、各種航空學校、機場設備、武器彈藥等。此種以往對外國人必須嚴守祕密的空軍內情，全面對考察團開放，而且對美國考察團提出的問題也一律誠懇回答，使克拉奇將軍認為，該團充分掌握了中國空軍的實際情況。第二部分是對中國空軍的評估。首先該團對中國空軍各階層將、校的印象是，他們對空軍戰術的理解基本正確，中國也建造了一群適用於重轟炸機使用的好機場。克拉奇讚許中國空軍的優點是有效組織，飛行員戰鬥意志高昂，地勤技工訓練及歷練扎實。依照該團的評估，中國空軍在1941年有200多名飛行員可稱為優秀戰鬥員（excellent pilots），他們具有實戰經驗。另有200名飛行員，雖然訓練及作戰經驗不如前者，但仍算是合格戰鬥員（satisfactory pilots）。最後尚有250名飛行員，既無作戰經驗，訓練又不足（少於200小時空中作業），需加強訓練使可成為合格飛行員（fitted for combat）。換言之，依

28　齊錫生，《從舞臺邊緣走向中央：美國在中國抗戰初期外交視野中的轉變（1937-1941）》，頁373。

據克拉奇將軍的估算，中國應已具有 650 名飛行員，和一群地勤技工骨幹，可以投入戰鬥。克拉奇總結，中國空軍稱得上有效率，特別是有相當一部分人員具有實戰經驗。第三部分是該團給美國政府的建議。克拉奇認為中國要求 500 架飛機合情合理，這 500 架飛機能夠造成的效果是和日本空軍進行空中游擊戰（air guerrilla warfare）。這雖不足以打敗日本，但是可以大大減少日軍在華陸軍和空軍的優勢，打一場更公平的戰爭。然而，美國政府究竟可以做什麼和怎麼做，才能讓中國達成目的？該團建議美國幫助中國進行訓練工作，大量派送中國空軍學校畢業生赴美接受訓練，才能達成既定的目標。[29]

在這份報告中強調，中國的飛行員沒有接觸過先進的儀器設備，特別是導航、儀表飛行、無線電操作、空中及地面槍砲使用、空中偵察照相等幾個領域。在戰爭極度困難的條件之下，使訓練工作無法正常推動。而缺乏現代化器材，更讓中國空軍員生無法體會現代空戰的要領。[30] 雖然這份報告在日後並沒有被完全實現，但對中國抗戰的需要做出仔細全面的調查。

在參考考察團調查情形之後，1941 年 5 月 28 日，居里提出了援華計畫，除提供飛機之外，並提倡訓練中國飛行員，

---

[29] 齊錫生，《從舞臺邊緣走向中央：美國在中國抗戰初期外交視野中的轉變（1937-1941）》，頁374。

[30] 齊錫生，《從舞臺邊緣走向中央：美國在中國抗戰初期外交視野中的轉變（1937-1941）》，頁375。

以強化空軍作戰能力。6 月，德軍進攻蘇聯，日本南進趨於積
極，美國援華呼聲也隨之提高。[31] 在戰略上，美國必須增強中
國的力量，將日本牽制在亞洲。於是根據居里的建議，在美
國海軍部、陸軍部及聯合計畫委員會（Joint Board）同意下，
美方作成「中國短期空軍發展計畫」，稱為 JB355 號文件，羅
斯福於 7 月 23 日批准。[32] 該文件表明美國援華的戰略目標：「中
國繼續積極軍事作戰，至為重要，此可以嚇阻日本陸軍與海
軍向南的擴張。」[33] 對中國供應驅逐機、轟炸機及訓練機，其
量能足以有效應付日本在中國及其鄰近國家的軍事活動，美
方並提供技術人員，並訓練中國飛行人員。[34] 於是，經過中國
政府、宋子文的交涉，美國協助訓練中國空軍官校學生。

第二節　派遣赴美學生之選拔及訓練

　　1939 年，國民政府修正公佈「陸海空軍留學條例」，空
軍於是制訂留學規程，開始計畫遴派人員到國外留學。[35]1941

---

[31] 國防部史政編譯局編印，《國民革命建軍史——第三部：八年抗戰與戡亂（二）》，
頁1491-1492。

[32] 王正華，《抗戰時期外國對華軍事援助》，頁252。

[33] *Stilwell's Mission to China* (Washington D.C.: Office of the Chief of Military History, Department of the Army, 1953), pp. 23.

[34] "Mr. Lauchlin Currie to President Roosevelt, Washington, July 19, 1941." Foreign Relations of the United States, Diplomatic papers, 1941, *The far East*, volume V, FRUS.

[35] 〈空軍軍事會議（第一次）〉，《國防部史政編譯局檔案》，國家發展委員會檔

年，美國通過《租借法案》，4 月 15 日美國羅斯福總統，批
准美國陸海軍的後備航空官兵加入陳納德的空軍志願隊，開
始軍援中國。[36]12 月，太平洋戰爭爆發，美國對日本宣戰，中
國空軍遴派空軍官校學生赴美學習飛行，並接收新機回國作
戰。空軍官校第十二期、十三期、十四期學生共一百四十餘
人赴美，於 1943 年 3 月 10 日在美國舉行畢業典禮。[37]這是中
國歷史上空軍學生集體出國受訓之第一次記錄。[38]

一、派遣赴美學生選拔原則

　　1941 年 10 月 4 日，航空委員會軍政廳廳長黃光銳為空軍
員生赴美一事呈報蔣中正〈派遣赴美訓練飛行辦法〉，該辦
法開宗明義指出選派目的為「有效利用美國飛行教育設備及
訓練，期得經濟迅速造成多量飛行人員，供應抗戰建國之需
要。」於是為了達成經濟、迅速等目標，以促使提高效率，
製造大量飛行員，必須對訓練人員、期限、淘汰等標準訂定
明確規範。[39]

案管理局藏，檔號：B5018230601/0028/003.8/3010。

[36] 羅斯福總統在當天發表演說，指出：「億萬中國苦難的人民，在抵抗割裂其國家
的奮鬥中，已表現出非常意志，他們經由蔣委員長要求美國的援助，美國已經
說：中國應當獲得我們的援助」，詳請參見：吳湘湘，《第二次中日戰史》（臺
北：綜合月刊社，1974年），下冊，頁727。

[37] 劉毅夫，〈悼念空軍英雄董明德〉，《傳記文學》，33：4（臺北，1978年），
頁17-18。

[38] 厚非，〈留美空軍談往事〉，《中國的空軍》，5：2（成都，1944年），頁17-18。

[39] 「為遵謹擬具派遣赴美訓練飛行辦法一種呈請鑒核示遵由」（1941年10月4

自本年十月一日起，在各級航空學校中開始訓練我國航
空駕駛飛行員五百名，往後每五星期可陸續增加五十
名，經官校選定首批出國員生五十名辦理出國事宜，並
於九月中旬赴港候輪渡美在案。

　　赴美的名單並非以空軍官校期別為劃分，而是依照當時的
情況分批赴美。在訓練人員及原則方面，以官校十二、十三、
十四各期之學生為主。同時並招考十五期新生，具有高中畢
業學歷之陸軍官校畢業生亦可以參加。當時更鼓勵各大學學
生踴躍投考。[40]

留美空軍學生可由各大學學生中考選之。希由教育部會
商各大學當局設法宣傳，鼓勵各大學學生皆能踴躍投
考。航委會應即擬定留美空軍學生考選章程，將先行入
伍，與在國內受初級飛行訓練，再赴美受高級訓練。各
點皆應明白規定。希即會商詳細辦法，並能盡早實施
為要。

　　日），〈空軍員生赴美訓練飛行案〉，《國防部史政編譯局檔案》，國家發展委
員會檔案管理局藏，檔號：B5018230601/0030/410.11/3010.2。
40　〈革命文獻──抗戰方略：整軍〉，《蔣中正總統文物》，國史館藏，數位典藏
號：002-020300-00007-072。

　　報名之後，於國內進行短期初級飛行訓練後派遣赴美。赴美學生的選派，交由空軍官校負責，選派的原則有三。[41]

　　一、須受有初級飛行訓練者（十二、十三兩期均已受過）。
　　二、儘先選派諳練英語技術優良者。
　　三、並須經過體檢及飛行考試者，方可獲選派赴美國。

　　其中以第三點體檢最為嚴峻，除了在空軍官校先經美國軍醫體檢之外，各人員抵達香港準備搭乘輪船赴美時，還要經領事館及船方複檢，次數多達三次。在 1942 年，更有第二批赴美學生，因被美方通知身體檢查驗出花柳病毒而遣送回國的案例。[42] 赴美飛行生的體檢更加嚴密，並著重在驗血、肺部照 X 光、花柳病等項目。[43] 一旦發現有症狀，不准其搭乘渡輪。例如在赴美學習軍械及無線電人員 54 名中，經三次體檢，發

[41] 「派遣赴美訓練飛行辦法」（1941年10月26日），〈空軍員生赴美訓練飛行案〉，《國防部史政編譯局檔案》，國家發展委員會檔案管理局藏，檔號：B5018230601/ 0030/410.11/3010.2。
[42] 「為准沈副主任電黃伯英、徐作誥因病遣送回國，今後赴美生須嚴密體驗，除飭官校知照外謹電報請鑒核備案由」（1942年2月7日），〈空軍員生赴美訓練飛行案〉，《國防部史政編譯局檔案》，國家發展委員會檔案管理局藏，檔號：B5018230601/0030/410.11/3010.2。
[43] 「為已電飭官校赴美生出國前應嚴格驗血、肺部照X光、檢查花柳病電請備案由」（1942年2月14日），〈空軍員生赴美訓練飛行案〉，《國防部史政編譯局檔案》，國家發展委員會檔案管理局藏，檔號：B5018230601/0030/410.11/3010.2。

現尚有「砂眼」、「癬甲」等症狀，以致「未獲准許搭輪赴美」，「計有軍械組文山、梁炳文、楊桂生、吳星材、張慧延、兆鳳翔等計六名」、「無線電機械組有張劍聲、謝進、張翊聚、谷煥明等四名」54 名中，有 10 名的體檢程序未能符合資格，比例高達五分之一，可見其嚴格程度。[44]

　　訓練的員額，以 500 名為派遣訓練之定額，以 50 名為一批，共分 10 批次，逐次派遣訓練（表3-1）。至於訓練的期限，分為初、中、高三級訓練，初級訓練六十小時，中、高級訓練各七十小時。每一級的訓練需要 10 星期，因此固定以 30 週大約七個月為訓練期限。[45]

　　如前所述，每批學生在赴美之前，必須要經過國內訓練。為了降低赴美飛行訓練過程的淘汰率，除了已通過初級訓練的官校十二、十三、十四各期學生外，其餘新招學生均須經過國內初級飛行訓練，並由官校負責訓練，情形如下：[46]

　　一、第十二期、十三期學生，除選派出國者外，其餘仍

[44] 「毛邦初電蔣中正」（1941年10月16日），〈空軍員生赴美訓練飛行案〉，《國防部史政編譯局檔案》，國家發展委員會檔案管理局藏，檔號：B5018230601/0030/410.11/3010.2。

[45] 「派遣赴美訓練飛行辦法」（1941年10月26日），〈空軍員生赴美訓練飛行案〉，《國防部史政編譯局檔案》，國家發展委員會檔案管理局藏，檔號：B5018230601/0030/410.11/3010.2。

[46] 「派遣赴美訓練飛行辦法」（1941年10月26日），〈空軍員生赴美訓練飛行案〉，《國防部史政編譯局檔案》，國家發展委員會檔案管理局藏，檔號：B5018230601/0030/410.11/3010.2。

加緊訓練按期畢業。

二、該校高、中級學生逐漸派遣出國，即逐漸將高、中級教官及辦事人員等協助初級訓練。直至預定派遣訓練額數滿足後，再按該校原訂計劃繼續招訓各期新生恢復原狀。

三、派遣赴美學生之國內初級飛行教育計劃，由官校擬定呈核施行（初級飛行教育計劃除學術科外並須注意委座手示及訓詞）。

　　派遣赴美的學生組織，每批出國學生以 50 名為一隊，每隊配領隊長一員（以空軍軍官兼長英語者）、政治指導員一員，並且在學生之中，指定深諳英語者兼任翻譯工作，若皆無人選時則再派譯員（以四員為限）隨赴美國。[47]

　　關於完成訓練的日期，按照第一批赴美學生須於 11 月 4 日在美國開始訓練，其次各批開始訓練日期（參閱表 3-2）。每批須經初、中、高三級之訓練，每級十週則需三十週始能完成。每批開始暨完成日期前後，再加上途中所需一個月之時間即為出、返國之日期。在美訓練完成之學生，回國後按照官校畢業生之待遇辦理。[48] 在出國之出發地至集合候船地點

[47] 「派遣赴美訓練飛行辦法」（1941年10月26日），〈空軍員生赴美訓練飛行案〉，《國防部史政編譯局檔案》，國家發展委員會檔案管理局藏，檔號：B5018230601/0030/410.11/3010.2。

[48] 「派遣赴美訓練飛行辦法」（1941年10月26日），〈空軍員生赴美訓練飛行

之旅費支給：學生每天國幣8元、領隊長及譯員每天國幣10元。在集合候船地之旅費支給：學生每天國幣8元、領隊長及譯員每天國幣10元。途中旅費之支給：學生每人美金80元、領隊長、指導員及譯員每人美金100元。出國人員治裝費之支給，不分等級一律發給國幣1,500元。[49]最後是出國前的準備，每批學生出國前二個月由官校負責辦理如次事項：[50]

1. 選派學生及指派領隊長政治領導員譯員等並編組之（譯員至第六批以後即可不派，利用以前譯員）。

2. 將所選派之學生領隊長、政治指導員、譯員人數姓名，分別報會及廳。並將其相片簡歷送交渝一路司令部，轉請外部發填出國護照，但前批已派有政治指導員者可不在此限。

3. 按出國服裝費之定數統辦出國人員便裝。

4. 包定民航機將出國人員飛送員集合候船地點，於香港搭乘輪船。

案〉，《國防部史政編譯局檔案》，國家發展委員會檔案管理局藏，檔號：B5018230601/0030/410.11/3010.2。

[49]「派遣赴美訓練飛行辦法」（1941年10月26日），〈空軍員生赴美訓練飛行案〉，《國防部史政編譯局檔案》，國家發展委員會檔案管理局藏，檔號：B5018230601/0030/410.11/3010.2。

[50]「派遣赴美訓練飛行辦法」（1941年10月26日），〈空軍員生赴美訓練飛行案〉，《國防部史政編譯局檔案》，國家發展委員會檔案管理局藏，檔號：B5018230601/0030/410.11/3010.2。

5. 隨時與陳經理保持聯絡決定出國路線洽辦出國船位。

6. 出國人員放洋後將出國人數啟程日期搭乘船名，分別
電報會廳及沈副主任。

　　可知出國人員不只是受訓學員，亦包括隨行譯員、政治指
導員等；出國路線係經由香港轉乘美國。同時，從表3-2可知，
中國方面規劃10期學生赴美，然而至1945年太平洋戰爭結束，
總共八批學生赴美。人數方面，統計至1945年3月，空軍官
校學生共派出446員赴美受訓，空軍飛行軍官共計778人。[51]

表3-2　派遣赴美訓練飛行人員預定表

批次	派遣人數	派遣人員	出國日期	入學日期	完成日期	返國日期
1	50	官校十二期學生	1941年10月5日	1941年11月4日	1942年1月6日	1942年1月7日
2	50	官校十二期學生	1941年11月9日	1941年12月9日	1942年7月6日	1942年8月5日
3	50	官校十三期學生	1941年12月14日	1942年1月13日	1942年8月10日	1942年9月9日
4	50	官校十三期學生 官校十四期學生	1942年1月18日	1942年2月17日	1942年9月14日	1942年10月14日

---

[51] 國防部史政編譯局編印，《國民革命建軍史》〈第三部：八年抗戰與戡亂（一）〉，頁620。

批次	派遣人數	派遣人員	出國日期	入學日期	完成日期	返國日期
5	50	官校十四期學生	1942年2月22日	1942年3月24日	1942年10月19日	1942年11月18日
6	50	官校十五期新生	1942年3月9日	1942年4月8日	1942年11月3日	1942年12月3日
7	50	官校十五期新生	1942年4月13日	1942年5月13日	1942年12月8日	1943年1月7日
8	50	官校十五期新生	1942年5月18日	1942年6月17日	1943年1月12日	1943年2月11日
9	50	官校十五期新生	1942年6月22日	1942年7月22日	1943年2月16日	1943年3月18日
10	50	官校十五期新生	1942年7月27日	1942年8月26日	1943年3月23日	1943年4月22日
說明	1.十二期現有學生 108 名、轟炸 66 名、驅逐 42 名；十三期現有學生 80 名；十四期現有學生 148 名。 2.預定就十二、十三、十四各期學生中最少須選派 250 名，餘以招考十五期新生 500 名（淘汰率 50% 計入）訓練選派之。 3.第六、七批新生二百名已於 1941 年 11 月 1 日入官校開始初級訓練。 4.第八、九批新生二百名已於 1941 年 12 月 1 日入官校開始初級訓練。 5.第十批新生一百名已於 1942 年 1 月 1 日入官校開始初級訓練。 6.各批新生已由陸軍官校及各大學中招考。 7.表列出國預期應視交通訓練情況而確定之。					

說　　明：本表依〈派遣赴美訓練飛行辦法〉中的「派遣赴美訓練飛行人員預定表」
　　　　　整理而成。

資料來源：「派遣赴美訓練飛行辦法」（1941年10月26日），〈空軍員生赴美訓練
　　　　　飛行案〉，《國防部史政編譯局檔案》，國家發展委員會檔案管理局藏，
　　　　　檔號：B5018230601/0030/410.11/3010.2。

二、出國前訓練

　　〈派遣赴美訓練飛行辦法〉頒行後，隨即面臨兩個問題，
分別是學生員額不足，以及學生赴美前的訓練等問題。1941

年10月，依照航空委員會軍政廳長黃光銳的規劃，空軍官校送美受訓學生以500名為目標，即使由空軍官校第十二、十三、十四期中選派出250名，仍不足250名。對於學員額不足的問題，當時美國軍事代表團，建議航空委員會主任周至柔選送赴美的飛行學生，若是官校學生不敷派遣時，可從士校學生中選送。[52]

1938年國民政府為了擴充空軍，大量培植空軍飛行人員，在四川成都籌設「空軍飛行軍事學校」。該校於9月成立，開始招生，學制兩年畢業，培育飛行士官。然而，霍一德的建議隨即被軍政廳長黃光銳給否決。他認為霍一德的選派士校學生建議，固然可以減少招生與訓練的困難，但將會引起空軍軍制、學生學制混亂的問題，諸如：一、士校生派美受訓，返國後即改敘軍官，不惟紊亂官制且與將來作戰指揮上，影響亦必甚大。二、士校生派美受訓，返國後即以軍官身分待遇，不惟影響官校今後教育之發展，與原辦士校之旨亦有未合。[53]

最後決議「以趕訓第十五期官校學生送美為原則」，並且言明「若將來因故不能按期派出，則抽調空軍官校第十、十

[52] 「為霍一德上校建議送美飛行學生，如官校學生不敷派遣時，可由士校學生中選送，希研究見復由」（1941年12月2日），〈空軍員生赴美訓練飛行案〉，《國防部史政編譯局檔案》，國家發展委員會檔案管理局藏，檔號：B5018230601/0030/410.11/3010.2。

[53] 「為遵將本廳對於選送士校至美受訓之意見電請察核由」（1941年12月17日），〈空軍員生赴美訓練飛行案〉，《國防部史政編譯局檔案》，國家發展委員會檔案管理局藏，檔號：B5018230601/0030/410.11/3010.2。

一兩期畢業生，以及停飛已久而技術較差不能在隊服務之人員補充之」。[54] 儘速訓練十五期新生，以供赴美訓練，為當時討論出來的決議。

　　另一個問題，如何快速地訓練出符合赴美訓練要求的學生。在1941年10月〈派遣赴美訓練飛行辦法〉頒行後，規定必須於國內通過初級訓練方可選派赴美。除了預定於1942年1月畢業的十二期學生、1942年5月畢業的十三期學生，以及部份十四期學生已經通過初級訓練外，其他新生均需要通過初級訓練方可赴美。為了讓即將入學的十五期學生，能夠在選送赴美訓練之前完成初級飛行訓練，航空委員會量身訂做出一份訓練辦法，將飛行術科分成四個階段訓練（參閱表3-3、表3-4、表3-5、表3-6），以及地面學科、地面術科（參閱表3-7、表、3-8、表3-9），趕在4個月內完成訓練。

　　飛行術科第一階段時數共計22小時，此階段課目主要是學習基本的起飛操作。首先是起飛與平直飛行，飛機從開始滾行到飛機完全「浮」在空氣之中，這一個過程稱作「起飛」。平直飛行的難度在於，初學飛行的人往往不能及時發現飛機的偏側現象，用舵改正時不是動作太慢就是份量過多。其原因是時間急迫，飛機滾行實際上只有20秒鐘或是30秒鐘的時

54　「為遵將本廳對於選送士校至美受訓之意見電請察核由」（1941年12月17日），〈空軍員生赴美訓練飛行案〉，《國防部史政編譯局檔案》，國家發展委員會檔案管理局藏，檔號：B5018230601/0030/410.11/3010.2。

表3-3　飛行術科第一階段課程時數表

課目	次數	時數	備考
平直飛行	授課教官酌定	2 小時	
大轉彎	授課教官酌定	2 小時	坡度 15°至 30°
小坡度上昇 下滑轉彎	授課教官酌定	2 小時	
直線下滑	授課教官酌定	2 小時	
開關油門加速	授課教官酌定	2 小時	
地面滾行	28	2 小時	
起住降落航線	授課教官酌定	2 小時	
S 轉彎	授課教官酌定	2 小時	坡度 15°至 30°
中轉彎	授課教官酌定	2 小時	坡度 30°至 45°
不準確螺旋	授課教官酌定	2 小時	
單獨飛行	授課教官酌定	2 小時	
總計課程時數：22 小時			

說　　明：本表為作者依〈為送派遣赴美訓練決議十二項仰祈暨核由〉中的「空軍軍
　　　　　官學校初級班第十五期教育計劃大綱」整理而成。
資料來源：「為送派遣赴美訓練決議十二項仰祈暨核由」（1941年10月），〈空軍
　　　　　員生赴美訓練飛行案〉，《國防部史政編譯局檔案》，國家發展委員會檔
　　　　　案管理局藏，檔號：B5018230601/0030/410.11/3010.2。

間，反應稍微慢一點，加上運用操縱系統的技術生疏，就不
容易保持直線飛行。[55] 第一階段飛行，大部分是教官操作，學
生只是將手腳放在操控器上，感覺教官的動作。「從坐進座
艙的一剎那開始，就全神貫注在教官的每一個動作上；駕駛
桿、油門、舵移動的快慢和份量，一樣也不放過。飛機起飛

---

[55] 祖凌雲，〈起飛〉，《凌雲御風：一位空軍飛行員的生涯》（臺北：麥田出版
　　社，1998年），頁63。

表3-4　飛行術科第二階段課程時數表

課目	次數	時數	備考
中坡度上昇下滑轉彎	授課教官酌定	2 小時	
道路 8 字	授課教官酌定	2 小時	坡度 30° 至 45°
外 8 字	授課教官酌定	2 小時	
強迫降落	授課教官酌定	2 小時	
90° 及定點落地	授課教官酌定	2 小時	
複習失速螺旋	授課教官酌定	2 小時	坡度 40° 以上
總計課程時數：12 小時			

說　　明：本表為作者依〈為送派遣赴美訓練決議十二項仰祈鑒核由〉中的「空軍軍
　　　　　官學校初級班第十五期教育計劃大綱」整理而成。
資料來源：「為送派遣赴美訓練決議十二項仰祈鑒核由」（1941年10月），〈空軍
　　　　　員生赴美訓練飛行案〉，《國防部史政編譯局檔案》，國家發展委員會檔
　　　　　案管理局藏，檔號：B5018230601/0030/410.11/3010.2。

離地時的感覺最新鮮，也最刺激。爬升過程中，發動機的吼
聲，飛機的上下顛簸，一小塊一小塊的白雲從飛機旁邊飛過，
心裡想著這就是飛，多年的心願終於實現了⋯⋯然後遵照教
官的指示，表持平直飛行，向左或是向右轉彎」。[56] 清楚說明
飛行第一階段的情形。

　　飛行術科第二階段時數共計 12 小時，主要是強化第一階
段飛行操作的精熟度。課目要求提高，特別是「失速螺旋」與
「強迫降落」兩課目。「失速螺旋」的坡度要爬升至 40° 以上，
失速螺旋是初學飛行的學生最不容易做好的一個課目。練習

---

[56]　祖凌雲，〈初級飛行〉，《凌雲御風：一位空軍飛行員的生涯》，頁168。

時是等到飛機完全失速後，蹬滿一邊的舵，並將駕駛桿向後拉完，強迫飛機向一邊滾轉，也就是說故意讓飛機進入螺旋，而且至少要旋轉三圈才准許其改正。實際練習情形，祖凌雲指出：「回憶當年練習失速螺旋的苦境，印象依然極為深刻。最苦的還是教官，如果一個學生練習 4 次，每次旋轉 3 圈，則每帶飛一個學生就要旋轉 12 圈。以平均每天帶 4 個學生來計算，就要旋轉 48 圈」。可見當時教育師資缺乏情形。在「強迫降落」課目，教官會在飛行的任何時間中，做出迫降手勢，學生則必須假設飛機已經發生故障，立即按照一定的程序進行迫降操作。教官並叮囑迫降程序：放低機頭保持速度，選擇迫降場，判斷風向以決定迫降的方向。[57] 從上述回憶中可知，中國教官首重經驗傳承，並透過實際操作的方式進行教學。

飛行術科第三階段時數計 16 小時，著重傳授「落地」的課目。落地技術優劣，直接影響到飛行的安全。落地技術比起飛或空中動作更重要，所以在空軍官校教育中，一直以落地技術作為評斷優劣的標準。空軍官校「單飛」考試時，起飛和空中動作差一點都不要緊，只要落地沒有危險，就可以放單飛。[58] 從第三階段的課表設計可知，先進行小轉彎、前側滑等課目練習，才進入落地訓練。其原因為，落地操作開始於下滑轉彎，或直線進場時的開始下降點。小轉彎、下滑轉

---

[57]　祖凌雲，〈初級飛行〉，《凌雲御風：一位空軍飛行員的生涯》，頁170-171。
[58]　祖凌雲，〈落地〉，《凌雲御風：一位空軍飛行員的生涯》，頁91。

表3-5　飛行術科第三階段課程時數表

課目	次數	時數
小轉彎	授課教官酌定	2 小時
前側滑	授課教官酌定	2 小時
關油門盤旋下降	授課教官酌定	2 小時
目標 8 字	授課教官酌定	2 小時
180° 場內定點落地	授課教官酌定	2 小時
360° 場內定點落地	授課教官酌定	2 小時
何台兒	授課教官酌定	2 小時
正確螺旋	授課教官酌定	2 小時
總計課程時數：16 小時		

說　　明：本表為作者依〈為送派遣赴美訓練決議十二項仰祈鑒核由〉中的「空軍軍
官學校初級班第十五期教育計劃大綱」整理而成。
資料來源：「為送派遣赴美訓練決議十二項仰祈鑒核由」（1941年10月），〈空軍
員生赴美訓練飛行案〉，《國防部史政編譯局檔案》，國家發展委員會檔
案管理局藏，檔號：B5018230601/0030/410.11/3010.2。

彎不但影響測距，同時影響進場和落地的全部操作。只要轉彎
轉得好，多半都會落地成功。[59] 可知課目設計有其前後關聯性。
　　飛行術科第四階段時數共計 16 小時，從〈空軍軍官學校
初級班第十五期教育計畫大綱〉檔案中可知，因受時間限制，
實際上「飛行術科第四階段」並未能實施。[60] 分析第四階段課
目，主要是飛行編隊的動作，例如跳欄、編隊、夜間飛行等。

---

[59] 祖凌雲，〈落地〉，《凌雲御風：一位空軍飛行員的生涯》，頁93。

[60] 「為送派遣赴美訓練決議十二項仰祈鑒核由」（1941年10月），〈空軍員生赴美
訓練飛行案〉，《國防部史政編譯局檔案》，國家發展委員會檔案管理局藏，檔
號：B5018230601/0030/410.11/3010.2。

表3-6　飛行術科第四階段課程時數表

課目	次數	時數	備考
觔斗	授課教官酌定	2 小時	因受時間限制不能實施
側滑	授課教官酌定	2 小時	
垂直 8 字	授課教官酌定	2 小時	
垂直轉彎	授課教官酌定	2 小時	
半滾	授課教官酌定	2 小時	
跳欄	授課教官酌定	2 小時	
編隊	授課教官酌定	2 小時	
夜間飛行	授課教官酌定	2 小時	
總計課程時數：16 小時			

說　　明：本表為作者依〈為送派遣赴美訓練決議十二項仰祈鑒核由〉中的「空軍軍官學校初級班第十五期教育計劃大綱」整理而成。
資料來源：「為送派遣赴美訓練決議十二項仰祈鑒核由」（1941年10月），〈空軍員生赴美訓練飛行案〉，《國防部史政編譯局檔案》，國家發展委員會檔案管理局藏，檔號：B5018230601/0030/410.11/3010.2。

　　分析地面學科，地面學科日數設計為四個月（120 日）計算，月考及結業式合計 10 日，其餘 110 日為地面學術科實施日數。每日授課 3 小時，合計共授課 330 小時。特別的是，因預計赴國外受訓之故，英文課規定最少每日 5 小時，如遇警報及天候不適飛行，則加授「英語機械實習」課程。

　　最後，根據航空委員會頒發之〈派遣赴美訓練飛行辦法〉所規定之十五期各批出國學生，在空軍官校受訓之期限，經過折衷定為 4 個月訓練期。飛行時間，以每名學生飛足 60 小時為原則。

表3-7　地面學科綱要與時數表（一）

課目	綱要		時數
發動機學	1. 緒論 2. 發動機之歷史種類及各種發動機之比較 3. 航空發動機之性能及型別 4. 航空發動機之機件及構造原理	5. 四期週律 6. 馬力 7. 汽化系 8. 點化系 9. 潤滑系 10. 散熱系 11. 爆發次序 12. 電磁概要	30 小時
飛機學	1. 緒論 2. 飛機簡史 3. 航空器分類 4. 飛機構造概要 5. 實用名詞 6. 構造所用之材料 7. 材料力學概念 8. 軍用飛機應具備之性能 9. 螺旋槳、燃料系之構造	10. 飛機裝配 11. 大氣性質 12. 翼面力學 13. 雙翼飛機 14. 廢阻力 15. 螺旋槳 16. 轉彎 17. 起落上昇 18. 操縱面 19. 安定性 20. 升力裝置	30 小時
總計課程時數：60 小時			

說　　明：本表為作者依〈為送派遣赴美訓練決議十二項仰祈鑒核由〉中的「空軍軍官學校初級班第十五期教育計劃大綱」整理而成。

資料來源：「為送派遣赴美訓練決議十二項仰祈鑒核由」（1941年10月），〈空軍員生赴美訓練飛行案〉，《國防部史政編譯局檔案》，國家發展委員會檔案管理局藏，檔號：B5018230601/0030/410.11/3010.2。

表3-8　地面學科綱要與時數表（二）

課目	綱要		時數
機械實習	1. 發動機件實習（包括磁電機、汽水器） 2. 儀器實習 3. 氣象實習（包括儀器及天氣器） 4. 保險傘實習 5. 飛機實習（各部構造及裝配等） 6. 發動機翻修實習		30 小時
氣象學	1. 緒論 2. 天氣之成分及高度 3. 太陽輻射 4. 氣溫 5. 氣壓 6. 濕度 7. 風 8. 對流與渦流	9. 雲及降水 10. 能見度 11. 氣團及不連續面 12. 雷雨線及龍捲風 13. 機上積水 14. 高氣壓、低氣壓及颱風	30 小時
飛行學	飛行各種動作駕駛方法，單獨飛行之強迫降落要領。以實用初級飛行學為課本，並須講授飛行規則。		20 小時
外國語	1. 英文文法 2. 拼讀 3. 英語會話及作文 4. 默寫		100 小時
總計課程時數：180 小時			

說　　明：本表為作者依〈為送遣赴美訓練決議十二項仰祈鑒核由〉中的「空軍軍官學校初級班第十五期教育計劃大綱」整理而成。

資料來源：「為送遣赴美訓練決議十二項仰祈鑒核由」（1941年10月），〈空軍員生赴美訓練飛行案〉，《國防部史政編譯局檔案》，國家發展委員會檔案管理局藏，檔號：B5018230601/0030/410.11/3010.2。

表3-9　地面術科綱要與時數表（三）

課目	綱要		時數
軍訓	徒手教練 持槍教練 禮節 班教練 排教練	連教練 射擊教練 緊急集合 行軍	40 小時
體育	按照本校教育實施方案及學員生體育測驗標準法暫行辦法實施。		40 小時
總計課程時數：80 小時			

說　　明：本表為作者依〈為送派遣赴美訓練決議十二項仰祈鑒核由〉中的「空軍軍官學校初級班第十五期教育計劃大綱」整理而成。
資料來源：「為送派遣赴美訓練決議十二項仰祈鑒核由」（1941年10月），〈空軍員生赴美訓練飛行案〉，《國防部史政編譯局檔案》，國家發展委員會檔案管理局藏，檔號：B5018230601/0030/410.11/3010.2。

　　十五期新生先分批送至祥雲初級班、雲南驛初級班訓練，再經美國軍醫體檢，通過者即候令出國。未通過者，繼續在國內受中、高級訓練，依序是宜賓中級班和昆明高級班。至於十三、十四期學生，若日後因體格臨時變化，不能適時派赴美國，便依原定教育計劃，使其繼續升入中、高級受訓。[61]

三、赴美過程

　　1941 年 9 月，隨著第一批派美受訓學生即將出發，蔣中正以書面訓詞五條，警惕赴美諸生，並指示刊印成冊。更規

---

[61]　「空軍軍官學校今後對學生訓練之辦法」（1941年11月12日），〈空軍員生赴美訓練飛行案〉，《國防部史政編譯局檔案》，國家發展委員會檔案管理局藏，檔號：B5018230601/0030/410.11/3010.2。

定赴美受訓期間，每星期均應宣讀一次。[62] 留美空軍官校學生，在美國接受的是嚴格的軍事教育，每一個受訓的學生，必須充分了解和遵從學校當局所訂定的一切紀律條文，尤其是在飛行方面，學生如果違犯了飛行的紀律，隨時可能被處以「開革」或「停飛」的嚴重處分。[63]

　　依照第三批留美學生領隊譚以德（1906-1952）的紀錄，在美國受訓期間「為觀察學生生活思想，規定每天均記載日記，並定期呈閱。每周均需宣讀一次委員長訓詞。」[64]

　　按〈空軍軍官學校選派赴美訓練學生經過〉，第一批赴美學生（均為空軍官校十二期）計 50 名，由時任空軍官校轟炸組組長曾慶瀾為領隊、時任空軍官校政治部教官周樹模為副領隊、譯員趙豫章。於 1941 年 9 月，分三個梯次，從昆明搭乘飛機至香港。[65] 香港接受美國軍醫體檢之後，搭乘輪船到菲

---

[62]　「蔣委員長對赴美受訓學生訓詞」（1941年9月7日），〈蔣委員長對赴美受訓學生訓詞〉，《國防部史政編譯局檔案》，國家發展委員會檔案管理局藏，檔號：B5018230601/0030/144.2/4424。

[63]　陳容甫，〈空軍學生在美國〉，《航空生活》（南京：中國的空軍出版社，1946年）。

[64]　「留美第三批飛行學生總領隊譚以德報告書」（1943年7月），〈留美學員受訓報告〉，《國防部史政編譯局檔案》，國家發展委員會檔案管理局藏，檔號：B5018230601/0031/410.11/7760。

[65]　由曾慶瀾率領第一梯次學生20名，於9月11日下午二時飛香港；由周樹模率領第二梯次學生13名，於9月12日下午四時飛香港；由趙豫章率領第三梯次學生16名於9月15日飛香港。「空軍軍官學校選派赴美訓練學生經過」（1941年11月3日），〈空軍員生赴美訓練飛行案〉，《國防部史政編譯局檔案》，國家發展委員會檔案管理局藏，檔號：B5018230601/0030/410.11/3010.2。

律賓停留約一星期，再搭輪船至夏威夷，最後從夏威夷至美國舊金山登陸。

　　1941 年 12 月 1 日，第二批赴美學員，係從空軍官校第十二期挑選 43 名、第十三期挑選 7 名，合計 50 名。領隊為當時空軍總指揮部軍官附員賴名湯、副領隊李學炎（1912-2014）、譯員許雪雷及曾憲琳。同樣自昆明搭飛機至香港，再由香港搭輪船赴菲律賓，稍作停留後即出發前往夏威夷。

　　第三批學員赴美時，由於太平洋戰爭已爆發，無法再按照前兩批的路線前往美舊金山受訓。於是，第三批之後的學員開始踏上 6 個月以上的長途跋涉。他們首先分批從昆明搭乘運輸機飛越喜馬拉雅山脈，到達印度加爾各答。等到同學們集合完畢，再搭乘火車到孟買，並在孟買等候民間郵輪。從第三批赴美學生總領隊譚以德的紀錄，可看出其顛沛流離的情形：「2 月 28 日起開始分批輸送學生至印度，3 月 26 日全部員生始集中孟買候船赴美。此船期一再更改，不料竟數月之久。在候船期間為集中管理並實施學科、術科訓練起見，乃向當地政府交涉，租用四樓大廈一所。容納全部員生，並組織臨時總隊部，將學生分為三中隊訓練。」[66]

　　被迫停留在印度孟買期間，第三批留美學生仍維持軍事化

[66]　「留美第三批飛行學生總領隊譚以德報告書」（1943年7月），〈留美學員受訓報告〉，《國防部史政編譯局檔案》，國家發展委員會檔案管理局藏，檔號：B5018230601/0031/410.11/7760。

管理。規定學生一律身穿軍服，施行軍事管理。課程方面，為適應環境需要，以英文為主，每周並宣讀委員長訓詞一次。譚以德回憶「於 5 月 31 日離開孟買登船赴美，同船旅客多為遠東撤退返國之英、美僑民，人數眾多，擁擠不堪。船行進入大西洋時，正值敵潛艦活動最劇烈，前後船隻被擊沉多艘。將近紐約，威脅至甚，幾難前進。美軍事當局，為策安全，乃實行海、空護航，得以化險為夷。船上生活 40 餘日，全體學生均能利用時間，溫習功課，甲板即為自然課堂。」[67]

　　從孟買出發後，先經過南非開普敦進行補給，離開開普敦進入戰區後便無法直航，必須以「之」字路線前進。待護航艦以及 B-17 轟炸機的護航之下，才得以到達美國紐約登陸。「至 7 月 13 日在紐約登陸，當晚即轉車西行，17 日抵達美國西南部亞利桑那州之威廉士機場，本隊之長途旅程，至此乃告一結束。」[68] 再從紐約轉乘火車抵達美國飛行學校，展開為期一年的飛行訓練。從第三批開始，此後的第四、第五、第六批學生皆是經由此路線前往美國受訓。[69]

---

[67] 「留美第三批飛行學生總領隊譚以德報告書」（1943年7月），〈留美學員受訓報告〉，《國防部史政編譯局檔案》，國家發展委員會檔案管理局藏，檔號：B5018230601/0031/410.11/7760。

[68] 「留美第三批飛行學生總領隊譚以德報告書」（1943年7月），〈留美學員受訓報告〉，《國防部史政編譯局檔案》，國家發展委員會檔案管理局藏，檔號：B5018230601/0031/410.11/7760。

[69] 翟永華，《中國飛虎：鮮為人知的中美空軍混合聯隊》，頁64。

第三節　在美訓練情形

　　空軍官校派赴美國受訓的學生抵達美國後，首先是體格檢查，合格後隨即展開為期九週的入伍訓練。入伍訓練課程大多是飛行前預備班的基本課程，由美國教官以英語上課，特別注重英語學習、體格鍛鍊以及普通飛行常識的灌輸。課程內容有英文、美國歷史、空軍知識等。每天要上滿45分鐘的體能訓練、60分鐘的體育課，目的是訓練飛行員強健的體魄，以應付將來飛行員作戰所需的體力。[70] 亞利桑那州終年天氣良好，一年當中至少有300天是晴天，在鳳凰城附近，設有許多座飛行場，其中有4座機場為訓練中國空軍之處。初級飛行訓練，在雷鳥機場（Thunder Bird Field）進行，歷時6星期完成。初級訓練結束後，前往威廉斯機場（Williams Field）接受中級飛行訓練，經過7星期完成。中級訓練結束後，前往鹿克機場（Luke Field）高級飛行學校接受訓練。[71]

一、初級、中級訓練

　　初級訓練目的在使飛行員具有駕駛飛機之基本原則。依照

---

[70]　郭冠麟訪問，〈都凱牧將軍訪談紀錄〉，收入郭冠麟等訪問，《飛虎薪傳：中美空軍混合團口述歷史》，頁63-64。
[71]　賴暋，《賴名湯先生訪談錄》上冊，頁66

第二批赴美學員副領隊李學炎（1912-2014）、[72] 第三批赴美學員總領隊譚以德（1906-1952）報告書，[73] 及美國阿拉巴馬州空軍檔案館（Air Force Archives at Maxwell Air Force Base, Alabama）檔案以及《生活》（Life）雜誌，說明初、中級訓練情形。[74] 從初級飛行訓練表可見（參閱表 3-10），分為飛行教育及地面術科。飛行教育包括初步飛行教育、基本教育、長途飛行學、無線電、基礎射擊。地面術科包括發動機學、工廠實習（即發動機架及發動機實習）、飛行理論、航空學（長途飛行學）、航空地形學、氣象學。[75]

　　初步飛行教育共 61 小時，再分成三個階段。第一階段：第 1 小時至 7 小時，練習起飛落地、上昇降落、水平直線飛行、普通轉彎；第二階段：第 7 小時至第 25 小時，普通 8 字飛行、中等及小轉彎；第三階段：第 25 小時至第 60 小時，練習特技飛行、限制地點降落。

　　基本教育 91 小時，分成五階段。第一階段：第 1 至第 6

[72] 李學炎（1912-2014），廣東梅縣人，中央航校第一期，1942年帶領第二批赴美學員生赴美，曾任中美空軍混合團第一大隊大隊長，1948年任空軍總司令部通信處處長。張朋園、沈懷玉編，《國民政府職官年表》（臺北：中央研究院近代史研究所，1987年），頁177。

[73] 譚以德（1906-1952），廣東新會人，中央航校第一期（黃埔軍校第五期步科）畢業，曾任空軍士校中級飛行科科長、空軍官校中級班主任。

[74] 「留美第二屆飛行學生受訓經過報告書」（1942年11月），〈留美學員受訓報告〉，《國防部史政編譯局檔案》，國家發展委員會檔案管理局藏，檔號：B5018230601/0031/410.11/7760。

[75] Letter, Arnold to C. G., Army Air Force Flying Training Command, June 16, 1943, *Chinese Training*, 220.7276-1, 1943, Vol. 2, Maxwell Air Force Base, Alabama.

表3-10　初級飛行教育訓練時數表

飛行教育	時數	地面術科	時數
初步飛行教育	61 小時	發動機學	75 小時
基本教育	91 小時	工廠實習（即發動機架及發動機實習）	25 小時
長途飛行學	24 小時	飛行理論	20 小時
無線電	60 小時	航空學（長途飛行學）	24 小時
基礎射擊	48 小時	航空地形學	20 小時
		氣象學	20 小時

資料來源：作者整理自「留美第三批飛行學生總領隊譚以德報告書」（1943年7月），〈留美學員受訓報告〉，《國防部史政編譯局檔案》，國家發展委員會檔案管理局藏，檔號：B5018230601/0031/410.11/7760。

小時，飛機說明、起飛落地、各種轉彎、失速及螺旋轉、8字飛行；第二階段：第 6 小時至第 25 小時，螺旋上升、螺旋降落、確守正確點之 8 字飛行、各種蛇行飛行；第三階段：第 25 小時至第 70 小時，正確限制地點降落、側風起飛落地、小角度 8 字飛行、側滑、發揮飛機之性能於最大限之各種飛行；第四階段：成對飛行 8 小時；第五階段：長途飛行 12 小時；第六階段：夜間飛行 1 小時。實施教練時，機身先停留在地面，隨著學習者的操控駕駛，而表現出與空中實際動作的反應，教官在旁隨時糾正學員的錯誤。然後展開初級的空中飛行教練，先由教官帶飛若干次，再由學生單獨飛行。中級飛行訓練會將學生分為驅逐及轟炸兩種專長，教官會依照學生性向、成績、問卷分析的資料，判斷學生適合之機種。中等身高或

身高較矮小者，分到驅逐科的比例較高，因為驅逐機駕駛艙空間通常不大。[76]

　　各科飛行訓練所用飛機，初級訓練使用飛機為 Stearman，通稱為 PT-17 教練機，係為雙座雙翼汽涼式星形單發動機飛機，最大馬力 220HP，巡航速度 110 英里。構造堅固，駕駛操作容易，中美學生皆使用此種飛機訓練，被稱為初級教練最優良之飛機。[77] 中級訓練使用飛機為 Vultee，通稱為 BT-13，係為雙座單翼汽涼式星形單發動機飛機，為全金屬構造，最大馬力為 450HP，巡航速度 125 英里，駕駛操作容易。[78] 至於分組情形、訓練課目及使用飛機數量。中國學生 50 名，分為二班，上、下午各班輪流飛行。每班又再分為 6 組或 7 組。每組學生 4 名，並派定教官 1 員負責訓練。至於訓練的課目，基本上每周飛行訓練課目，概按照預定之計劃表實施，惟教官得按照學生之進度，權宜授予先後各種適當之課目訓練之。使用飛機數量方面，學生單獨後平均每週派飛機 2 架或 3 架。依照學生需求，有時可能每名學生派機 1 架，令其單獨練習各項課目，平均每日使用飛機在 15 架以上。在器材方面，美國

[76] 郭冠麟訪問，〈都凱牧將軍訪談紀錄〉，頁65；王立楨，《回首來時路：陳燊齡將軍一生戎馬回顧》（臺北：上優文化出版，2009年），頁92。
[77] 郭冠麟訪問，〈都凱牧將軍訪談紀錄〉，頁65；張聰明，《夏功權先生訪問紀錄》（臺北：國史館，1995年），頁24。
[78] 「留美第二屆飛行學生受訓經過報告書」（1942年11月），〈留美學員受訓報告〉，《國防部史政編譯局檔案》，國家發展委員會檔案管理局藏，檔號：B5018230601/0031/410.11/7760。

沒有短缺的情形。[79]

　　訓練期間的飛行測試及訓練期程。初級訓練期間劃分為三個測試時期，分別為「單獨前測試」、「二十小時之測試」及「四十小時之期終測試」。第二批受訓的學生，因為在國內飛行已久，情形特殊，故僅有舉行「二十小時之測試」一次。中級訓練的飛行測試，亦分為「二十小時之測試」、「四十小時之測試」及「六十小時之期終測試」。此外，另有「儀器飛行」之測試一次，但是第二批受訓的學生，實際上僅施行「二十小時」、「四十小時」及「儀器飛行」測試三種。訓練期程方面，按照訓練計劃原定初級訓練 6 星期，中級訓練 5 星期。之後因為中級訓練未能按照預定計劃完成，於是改成 7 個星期加以應變。[80]

　　初級飛行教官，除測試官係由美軍部派遣之飛行軍官外，其飛行教官皆為西南航空公司之機師或教官。李學炎認為，這些民航機師雖然不熟諳戰鬥技術，然而他們個人的飛行經驗與飛行技術，對於初級訓練而言，堪為良好之教官。中級訓練部分，飛行教官則為美國軍部派遣之中、少尉階級，現役空軍軍官。其飛行鐘點，大部分約為 400 至 500 小時。飛

[79]　「留美第二屆飛行學生受訓經過報告書」（1942年11月），〈留美學員受訓報告〉，《國防部史政編譯局檔案》，國家發展委員會檔案管理局藏，檔號：B5018230601/0031/410.11/7760。

[80]　「留美第二屆飛行學生受訓經過報告書」（1942年11月），〈留美學員受訓報告〉，《國防部史政編譯局檔案》，國家發展委員會檔案管理局藏，檔號：B5018230601/0031/410.11/7760。

行服務時間，大約為兩年。[81]

　　飛行淘汰率及飛行失事率方面，赴美第二批學生，在國內受飛行教育者頗多，因此在美國受初級、中級訓練期間內，除了黃伯英、徐作誥 2 名學生，因為體格檢查不及格，停止飛行之外，其餘學生皆順利完成初級、中級訓練。在飛行失事率方面，美方之飛行訓練，由於飛行紀律之嚴格遵守以及監督實施之確實，降低飛行失事案件發生。第二批留美學生，在初級訓練期間內，完全沒有飛行失事的情況發生。根據李學炎的統計，自該初級學校訓練中、美學生飛行以來，至 1942年 11 月，已畢業者千餘人，因飛行失事重大案件，只有一例。因此，其失事比率不及千分之一。在中級訓練方面，第二批留美學生，先後損壞飛機記二次，其原因及經過如下：[82]

　　　　學生鄧繼華某次單獨飛行，起機時間未關閉起動機之電門，飛機在空中發生濃煙。該生未察知。故遂強迫降落於郊外，損壞飛機螺旋架 1 個，該生安全無恙。
　　　　學生馮献輝某次長途飛行歸航時，誤換油箱，不能正確利用輔助油箱之汽油，以致空中停車，強迫降落於

---

[81]　「留美第二屆飛行學生受訓經過報告書」（1942年11月），〈留美學員受訓報告〉，《國防部史政編譯局檔案》，國家發展委員會檔案管理局藏，檔號：B5018230601/0031/410.11/7760。

[82]　「留美第二屆飛行學生受訓經過報告書」（1942年11月），〈留美學員受訓報告〉，《國防部史政編譯局檔案》，國家發展委員會檔案管理局藏，檔號：B5018230601/0031/410.11/7760。

野外，損壞飛機翅膀 1 個，機身微受損傷。

　　在學科訓練實施情形方面，各級學科之訓練，上、下午與飛行班輪流替換實施之，計每日授課三小時。另外，有林肯機實施及體育等課，各學課每周或兩周舉行小試一次，其中舉行大試一次，並訂以七十分為及格，是不及格之學生屢於夜間授課補習之併舉行其複試。

　　美方如何看待這些赴美受訓學生？透過《生活》雜誌（Life）雜誌的報導或許可窺知一二。1942 年 5 月 4 日，第十二期學生鄭兆民（1920-1944）出現在 Life 雜誌封面，標題為 "Chinese Cadet"（中國軍校生），該期雜誌詳細描述此中美合作下的軍事訓練（參下圖）。雜誌內提及：「這位來自中國的軍校生，在日本侵襲中國後，他們所在的杭州中央航空學校遭炸毀，迫使他們徒步走到重慶，再往昆明，最後來到了美國。」[83] 現在他們完成訓練後，將準備回到中國對日本展開作戰。[84]

　　李學炎認為在學科訓練內容，中國學生的學科訓練與美國學生的學科訓練有不同之處。美國當局顧慮中國學生語言文字，各種課程但求簡單易解，所用教材係美國軍部出版教科

---

[83] Lael Laird, "Life's Reports: The R. A. F. on the red A. F.," LIFE,12:18(May 1942), p. 16.

[84] Lael Laird, "Life's Reports: The R. A. F. on the red A. F.," LIFE,12:18(May 1942), p. 59.

1942年5月4日，第十二期學生
鄭兆民（1920-1944）出現在
Life雜誌封面，標題為"Chinese
Cadet"（中國軍校生）
圖片來源：*LIFE*, May4, 1942,
Cover.

書籍，然而卻無特別新穎精彩之處。另外，為中國學生所聘
請之學科教員皆為美籍華僑。李學炎認為，美方原意可能是
藉此可減少中國學生語言上之困難。然而，華僑既有方言差
異，所教課本又非盡其專長之軍事方面，及其專門名詞尤有
難通之處，是徒費苦心於中國學生，故無太大裨益。[85]

　　中國學生或許因為語言及體能而略有不及美國學生之處，

---

[85]　「留美第二屆飛行學生受訓經過報告書」（1942年11月），〈留美學員受訓報
　　告〉，《國防部史政編譯局檔案》，國家發展委員會檔案管理局藏，檔號：
　　B5018230601/0031/410.11/7760。

但大抵皆能通過美國飛行學校的訓練要求。甚至有成績特別優異者，例如第三批留美學生黃雄盛，在清華大學航空工程系畢業後報考空軍官校，其初級結業學科成績，打破美國學校歷屆紀錄。[86] 留美學生成績優異之事，當時《中央日報》亦有相關報導：

> 我留美空軍學生，成績優異，據美方統計多有打破美校紀錄。
>
> 高級組：冷培澍破鹿克機場射擊紀錄、蘭培榮、韋哲權獲最佳射擊。
>
> 中級組：俞揚和、姚兆華獲學科冠軍。
>
> 初級組：黃雄盛破雷鳥機場學科紀錄。[87]

二、高級訓練

中級訓練結束後，前往鹿克機場（Luke Field）高級飛行學校接受訓練。高級訓練使用的飛機式 AT-6，雙座下單翼汽涼星形單發動機飛機，可收放起落架及調整螺旋槳。最大馬力650HP，巡航速度 140 英里。構造堅固，駕駛操作較為複雜，

---

[86]　「留美第三批飛行學生總領隊譚以德報告書」（1943年7月），〈留美學員受訓報告〉，《國防部史政編譯局檔案》，國家發展委員會檔案管理局藏，檔號：B5018230601/0031/410.11/7760。

[87]　〈我留美空軍學生創優異成績〉，《中央日報》，重慶，1945年3月11日，第3版。

空中可做各種特技飛行，安定性高。美國驅逐訓練學校亦使用此種飛機訓練。分組情形方面，中國學生 50 名，分為二班，上、下午各班輪流飛行。每班又再分為 6 組或 7 組。每組學生 4 名，並派定教官 1 員負責訓練。至於訓練的課目及時間，按照預定計劃有「熟習飛行十二小時」、「成隊飛行十三小時」、「長途飛行六小時」、「夜間單機成隊及長途共十五小時」、「射擊二十小時」、「儀器飛行十三小時」，整個高級訓練總計飛行鐘點 79 小時。除了每星期日照例休假之外，每週飛行 6 天，每日課目兩班。由班長按照學生進度決定，若中國學生有因病請假以致進度落後，痊癒之後必須加緊訓練，故屢有見一次飛行 5 小時以上者。[88]

高級訓練的飛行教官，均由美軍校初畢業之少尉軍官擔任，資深者按例得調往部隊服務。按李學炎所述，這些剛畢業的少尉軍官，教學熱心，動作嫻熟。惟經驗不豐富，也缺乏有效的教學方法。學科方面，黑板上的所有說明，皆同時使用中英文書寫。學校裡的廣播公告，也會使兩種語言來發布。[89]

儀器飛行、長途飛行、成隊及特技飛行等課目實施之內容。儀器飛行方面，美方訓練重視儀器飛行，高級訓練時又

---

[88] 「留美第二屆飛行學生受訓經過報告書」（1942年11月），〈留美學員受訓報告〉，《國防部史政編譯局檔案》，國家發展委員會檔案管理局藏，檔號：B5018230601/0031/410.11/7760。

[89] Lael Laird, "Life's Reports: The R. A. F. on the red A. F.," *LIFE*, 12:18 (May 1942), p. 59.

受「林肯機」實習約 10 小時。長途飛行方面，高級訓練期間
施行白晝及夜間長途各 2 次，白晝長途飛行，分為直線往返
及三角飛行各 1 次，每次航行約 2 小時。夜間飛行亦然，分
為直線往返及三角飛行各 1 次，每次航行約 2 小時。飛行時
皆由教官或班長領隊飛行，中國學生飛僚機位置。成隊及特
技飛行方面，成隊飛行有 3 機、6 機及 9 機數種，此外亦曾練
習過 18 機及 27 機大編隊飛行。在成隊及特技飛行的部分，
李學炎指出中國學生表現優於美國學生：

> 特技飛行的課目如國內 AF-6 型機在空中之特技，我生
> 對於特技及成隊二課目頗為熟練，一般成績優於同時受
> 訓之美生。[90]

　　高級訓練由於飛機功能較為複雜，淘汰率及失事率比初、
中級明顯為高。在飛行淘汰方面，第二批美學生在初、中級
訓練皆無淘汰案件，至於高級訓練時計有 2 名學生遭淘汰。

　　荊好玉，因空中動作手足不一致，經多次測試不及格，
中途受技術淘汰。另有張家驊，於訓練將近完了時期，

---

[90] 「留美第二屆飛行學生受訓經過報告書」（1942年11月），〈留美學員受訓報
告〉，《國防部史政編譯局檔案》，國家發展委員會檔案管理局藏，檔號：
B5018230601/0031/410.11/7760。

連續兩次未放起落架，著落失事。受紀律上淘汰。[91]

　　以上淘汰的兩位中國學生於 1942 年 5 月 21 日返回中國。至於同期受高級訓練的美國學生，美國學生的淘汰率平均為10%。

　　在訓練時飛行失事方面，由於高級訓練使用之飛機構造較為複雜，加上此飛機靈敏度較強，中美學生均常有因疏忽或技術上錯誤而導致失事。[92] 因此，在飛行之前，美國教官會用手勢再次提醒中國學生，做出最後的飛行提示。第二批赴美學生，失事情形計 5 次。

　　　　學生王金篤，於空中射擊回場時，未放起落架，著陸失事。學生張家驊，在同日同樣原因失事，張生次日夜間飛行時，因為飛機溫度過高，倉忙中又犯同樣錯誤。學生胡厚祥，於練習飛行回場降落時，受側風影響，導致落地後在地上打轉，損壞機輪架 1 個。學生李成源、鍾寶泉，於夜間成對飛行時，因兩機保持距離間隔過小，導致相撞，飛機略受損傷，各自強迫降

91　「留美第二屆飛行學生受訓經過報告書」（1942年11月），〈留美學員受訓報告〉，《國防部史政編譯局檔案》，國家發展委員會檔案管理局藏，檔號：B5018230601/0031/410.11/7760。

92　Lael Laird, "Life's Reports: The R. A. F. on the red A. F.," *LIFE*,12:18(May 1942), p. 60.

落於附近機場。人、機皆安全。[93]

　　同時期受訓的美國學生，在高級訓練期間亦屢有失事的情況，美國學生因未放起落架失事者計有 8 案，於飛行失事中導致 1 名美國學生殉職。第二批赴美學生的高級訓練，自 1942 年 3 月 30 日起至 5 月 14 日止，共計 7 星期。5 月 15 日在鹿克機場（Luke Field）高級飛行學校舉行畢業典禮。畢業生總計 48 人，由沈德燮副主任主持，並授予畢業文憑及胸章。

三、部隊教育與美式航空教育訓練特點

　　1942 年 5 月 15 日留美飛行第二批學生於鹿克機場（Luke Field）高級飛行學校畢業，次日即待命準備分發各部隊，接受部隊訓練，並向駐地第三十三驅逐大隊報到，計派遣學生 9 名赴華盛頓第六十中隊受訓。其餘學生，被派赴 Bradley Field Windsor Locks 第五十六驅逐大隊訓練。另外，有 15 名學生原本要依照鹿克高級飛行學校的建議，繼續學習轟炸機，但之後因環境困難，美國方面不能照辦，仍然命這 15 名學生學習驅逐機，並且將華盛頓第六十中隊受訓的 9 名學生，調赴 Windsor Locks 接受五十六大隊集中訓練。

　　第五十六驅逐大隊為此設立「特設訓練班」，由班長 1 名，

[93] 「留美第二屆飛行學生受訓經過報告書」（1942年11月），〈留美學員受訓報告〉，《國防部史政編譯局檔案》，國家發展委員會檔案管理局藏，檔號：B5018230601/0031/410.11/7760。

飛行教官、機械軍械及其他工作人員若干組成。此特設訓練班，組織雖然小，但工作效力甚大。之後，為了統一第二批留美學生的部隊訓練，在 1942 年 6 月 16 日，將前述分發各大隊的學生，召回鹿克高級飛行學校，成立部隊訓練班（Operational Training Unit）。該班自 1942 年 6 月 22 日開始訓練，1942 年 9 月 12 日結束訓練，訓練時間計 12 週。

部隊訓練班設班長 1 名，階級為美空軍上尉軍官，負責全班訓練及一切有關之事項。另外設學科教官與飛行教官數名、機務長 1 名。各種科目實施之情形，在使用的飛機種類方面，除了使用 AT-6 飛機 30 餘架訓練外，亦使用 P-40、P-40G、P-40C 等三種 P-40 式飛機 20 餘架進行訓練。P-40 飛機為美國優良驅逐機之一，使用 V 型發動機，1050HP 下單翼半金屬機，其性能油量與耗油量皆為優良機種。

各科目實施之情形，依次訓練高空飛行、空中射擊、戰鬥飛行及攔截飛行等科目。高空飛行，每名皆要練習一次，一次時間為 2 小時，主要目的是為了練習使用氧氣。在飛機起機之前，應充分檢查氧氣表，至少要有 500 磅以上的壓力，並且測試使用情況。使用情況良好，方可起機飛行。在 10,000 公尺起開始使用氧氣，最大高度可達 28,000 公尺。

空中射擊科目方面，規定每名實施兩次，共射擊子彈發數 1,200 發子彈。使用 AT-6 機為拖靶機，P-40 為射擊機。空中進入方向為後右上方，距離靶機 500 公尺。每次練習攜帶 50 口

徑 200 發及 30 口徑 400 發。

　　戰鬥飛行方面，分為三種科目，一是單機特技，二是兩機至四機格鬥，三為六機追蹤飛行。攔截飛行方面，由另外一機場派出飛機 1 架，其巡航高度、速度及起飛時間等事前均有情報。然後由 6 名受訓學生單機飛行，駕駛 6 架飛機，於一指定點上空攔截。每名學生實施兩次。

　　至於飛行淘汰，在部隊訓練期間，因體格、技術、紀律等原因受淘汰處分者，計有 8 名：

> 　　林應龍，因身體太胖，並且患有「航空病」（Air Sickness），在部隊訓練開始時，即奉命停止訓練。
>
> 　　黃幹存、王金篤二員，在部隊訓練開始之初，即非常不適應學習驅逐機，因而停止訓練。
>
> 　　朱松根、曾天培二員，各自於第一次飛行 P-40 機，落地打滾損壞落地架，被判定不適合學習驅逐，因而停止訓練。
>
> 　　史同心，於部隊訓練開始之初，因為駕駛 AT6 機過渡飛行時，未放起落架，導致著陸失事，因而停止訓練。
>
> 　　鄭兆民，於部隊訓練開始之初，違反軍紀且屢犯校規，奉命遣返回國。
>
> 　　李競仲，於部隊訓練途中，因低空飛行違反紀律，

因而停止訓練。[94]

　　李學炎認為部隊訓練中，由於飛行負責人員及教官等人經
驗不夠充足，加上平日飛行指導過少，故每次派遣空中任務
時，僅示飛行科目及時間。例如「空中動作（Air Work）2 小
時等課目內容及要領，無從詳細講解。」又對於每次任務時
的飛行高度、空域分配沒有明確規定。導致中國學生每需要
自行討論及自訂各種辦法，然後才能開始練習。李學炎認為，
部隊訓練時，若美方在授課前有明確指示課目內容及要領，
規定飛行高度及空域，殆可減少或避免中國學生犯規及淘汰
的情況發生。

　　關於美式航空教育的特點，根據李學炎及譚以德的報告，
可以整理出軍事訓練少、要求嚴格確實、學生管理方法等。
第一，軍事訓練少：美國飛行學生之軍事訓練頗不重視，學
生自民間召集之後，多加以十二星期之軍事常識訓練或僅施
以數日之訓練即送校訓練飛行，該新生一切行動習慣，多不
合乎軍事要求，然而，美國利用高班生教新生之辦法頗見奏
效。凡新生入校後概由高班生隨時隨地嚴格糾正其行動、習
慣、儀容及禮節，且科以種種之處罰，新生無不服從虛心接

---

[94]　「留美第二屆飛行學生受訓經過報告書」（1942年11月），〈留美學員受訓報
　　　告〉，《國防部史政編譯局檔案》，國家發展委員會檔案管理局藏，檔號：
　　　B5018230601/0031/410.11/7760。

受。此為教育方法上特點之一也。[95]

　　第二，要求嚴格確實：飛行訓練之空中紀律，美方要求特為嚴格，飛行人員為能確實遵守，蓋訓練每於一時一地使用大量之飛機，空中紀律稍有廢弛，即可發生嚴重問題，又對於飛行各種科目之要求澈底準確，毫無敷衍苟且；時間之遵守素為西方人士所重視，特重於飛行方面，要求尤為嚴格規定之起飛或停飛時間，官生皆宜遵守，縱使數分鐘之誤差亦科以相當之責罰。

　　若從統計結果來看，第三批留美學生，開始訓練時有學生147名，高級訓練之後僅存109名，部隊見習完畢只存93名。（參閱表3-11）

　　就上述情形，譚以德建議日後選派學生赴美訓練時，於中國空軍官校時就務必加強訓練體能及技術，更言明「稍有品行問題者寧可不送。」學生的品行亦至關重要，應該嚴加管理。[96]

　　第三，學生管理方法：美生之管理由學生中選舉隊長、區隊長若干人實行自動管理之方法，其軍官隊長僅處於指導監督等地位，實行成績優良。中國學生來美後亦採美方之辦法

[95]　「留美第二屆飛行學生受訓經過報告書」（1942年11月），〈留美學員受訓報告〉，《國防部史政編譯局檔案》，國家發展委員會檔案管理局藏，檔號：B5018230601/0031/410.11/7760。
[96]　「留美第三批飛行學生總領隊譚以德報告書」（1943年7月），〈留美學員受訓報告〉，《國防部史政編譯局檔案》，國家發展委員會檔案管理局藏，檔號：B5018230601/0031/410.11/7760。

表3-11　第三批初、中、高、部隊訓練期間動態總統計表

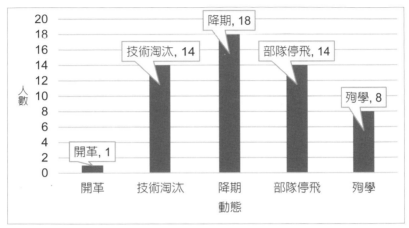

資料來源：作者整理自「留美第三批飛行學生總領隊譚以德報告書」（1943年7
　　　　　月），〈留美學員受訓報告〉，《國防部史政編譯局檔案》，國家發展委
　　　　　員會檔案管理局藏，檔號：B5018230601/0031/410.11/7760。

由學生自舉隊長、區隊長等自行管理，結果尚可實行。[97]

　　對於美式訓練的感想，李學炎及譚以德亦分別提出美式訓
練的守法精神、飛行進度確實等。第一點，為美式訓練的守
法精神。中國學生守法精神不如美國學生。李學炎觀察到美
國學生因過受罰科以走路等，無須長官監督，均能自動充實
履行。中國學生則不然，每賴長官之監督方能恪守。因此身
為學生領隊的李學炎，自然也要求到美訓練的中國學生，努

[97]　「留美第二屆飛行學生受訓經過報告書」（1942年11月），〈留美學員受訓
　　　報告〉，《國防部史政編譯局檔案》，國家發展委員會檔案管理局藏，檔號：
　　　B5018230601/ 0031/410.11/7760。

力仿效美人，棄短擇長。

　　第二點，為飛行進度確實。美國初、中級訓練要求力求迅速確實，極力訓練中國學生。在緊湊鐘點訓練原則之下，盡學生身體精神之能力。或因病缺課，飛行鐘點落後時，屢派專機 1 架，令學生單獨訓練指定之課目飛行。一次常在 4、5 小時，平時訓練每次飛行，亦在 2 小時以上。又因中國生身體不及美人，故每於飛行過久，精神殆極疲倦，對於飛行上實銳減其效力。[98]

　　第三點，對學習的透徹了解，對長官絕對服從。在學習方面，美國學生必須透徹了解，並研究得到結果。對長官亦能做到絕對服從。相較之下，中國學生最大的弊病，即是對於學習大多不求甚解，不肯虛心求教。明瞭大意即認為滿足，而謂「推一步，走一步」缺乏自動進取之精神，得過且過為普遍之現象。[99]

　　綜上所述，中、美學生係採取同樣的訓練方式，並無人我之別。對美國學生的要求亦同樣要求中國學生。在事務方面，美方亦隨時給予協助。中國學生或許因為語言及體能而略有

---

[98] 「留美第二屆飛行學生受訓經過報告書」（1942年11月），〈留美學員受訓報告〉，《國防部史政編譯局檔案》，國家發展委員會檔案管理局藏，檔號：B5018230601/ 0031/410.11/7760。

[99] 「留美第三批飛行學生總領隊譚以德報告書」（1943年7月），〈留美學員受訓報告〉，《國防部史政編譯局檔案》，國家發展委員會檔案管理局藏，檔號：B5018230601/ 0031/410.11/7760。

不及美國學生之處，但大抵而言皆能通過美國飛行學校的訓
練要求。

04

CHAPTER

中國空軍美式航空教育的主流化

你們已經學會比日本人飛得快、射得準的空中技能，你
們可以去打擊侵略集團的凶焰。……我們要確切記牢，
在同一天空中，抱著同一目的，我們要共同作戰直到我
們共同敵人消滅為止。隨諸君之後，正有許多中國青年
來此求學，你們回國之後，你們的任務中，有一部分為
使兩國發生更密切的關係，使兩國成為一個偉大的同
盟。[1]

　　1942 年中國第一批赴美學生完成美式航空訓練，美國為
表示對中國空軍學生的訓練與美國空軍學生同樣重要，美國
陸軍西岸航空訓練指揮官卡新斯（Ralph P. Cousins）少將，特
別向新畢業之中國空軍學生致詞。致詞中表明，中國空軍學
生已習得精良的空中技能，並希冀中國空軍學生返國後，發
揮影響，鞏固中美兩國的同盟關係。這些受訓學生返國後，
使近代中國航空教育受到美式航空訓練、航空知識、空中戰
略思維和作戰戰略等方面的影響。

　　同時，航空教育伴隨著中美空軍混合團（Chinese-American
Composite Wing, CACW）的成立，使得航空知識在戰爭時期
已有所提升，對近代中國航空教育產生了關鍵的影響。這些
赴美受訓的年輕飛行員，在戰術與思維上與美籍軍官配合得

---

[1]　仲興，〈美國卡新斯少將對我留美航空生畢業致詞〉，《航空雜誌》，11：5（南
京，1942年），頁47。

宜，中美空軍混合團的合作模式，亦使美式航空知識逐漸在空軍群體中傳播。[2]

第一節　美式航空教育的制度化

一、戰前美式航空教育理論與課程的建置

如前章所述，太平洋戰爭前中國的航空教育中，雖曾經歷過德、義、美等國顧問的先後參與，但最後只有美籍顧問留下明確的影響。1930 年代，裘偉德（John H. Jouete）為首的美籍顧問團等人在中央航空學校所訂定之飛行訓練教程，成為日後中國航空教育的主流，甚至成為傳統的一部分，流傳到今日的空軍官校。

裘偉德係美國西點軍校、航空戰術學校及高級航空學校畢業，歷任美國飛艇學校校長、航校戰術教官，1920 年代初任美國陸軍航空隊（Army Air Service）攻擊驅逐中隊指揮官。[3] 在空中作戰理念方面，裘偉德奉米契爾（William Milchell）主張之「以驅逐、轟炸機為主體的制空權」、「空軍應脫離陸軍系統獨立成軍」為圭臬。[4]

---

[2] 例如中美空軍混合團徐煥昇（1906-1984）、司徒福（1916-1992）、隊員郭汝霖（1920-2009）均曾任空軍總司令。

[3] 華中興，〈抗戰前中央航校的飛行教育1932-1937〉，收入國史館編，《中華民國史專題論文集：第三屆討論會》（臺北市：國史館，1996年），頁369。

[4] 米契爾（Willam Billy Mitchell）；唐恭權譯，《空防論：現代空權的發展與遠

　　1932 年，裘偉德在華先進行了兩個多月的考察，再依其
服役於美國的經驗建議蔣中正。他認為中國空軍發展的要訣
即在「簡單」與「劃一」，為了應付戰爭的擴大，中國空軍
應該單獨成軍。[5] 在航空教育方面，裘偉德建議：[6]

（一）強調飛行生體、智、能的甄選標準，以擇優汰劣。

（二）採取劃一的教育體系，以提高作戰協調合作方面
　　　的效率。

（三）飛行生訓練方式採美國瑞安達夫（Rondolph）航空
　　　學校的教程及分級制度，於高級飛行時以專科分
　　　系，俾能達成作戰之明確目標及有效發揮戰力。

　　在教育理念上，美式教育講求個人能力，效率及成本效
益，認為空戰不同民航，必須重視性向、能力的甄選，以減
少戰爭的損失，主張驅逐、攻擊、偵察、轟炸、魚雷分科並
重。[7] 在 1937 年，空軍高級幹部會議中，議決空軍建軍的兵

　　景》（新北市：八旗文化，2018）。

[5]　「中國國防問題之建議」（1934年），〈發展中國航空計劃書〉，《國防部史政
　　編譯局檔案》，空軍軍史館藏，檔號：3727-4F2-LA104。

[6]　「航空學校之建議」（1934年），〈發展中國航空計劃書〉，《國防部史政編譯
　　局檔案》，空軍軍史館藏，檔號：3727-4F2-LA104。

[7]　「統一空軍教育並確定教育程序案」（1936年1月），〈空軍幹部會議案（二十
　　五年）〉，《國防部史政編譯局檔案》，國家發展委員會檔案管理局藏，檔號：
　　B5018230601/0024/003.8/3010.3。義大利籍顧問採取如同英、法國訓練空軍
　　的方法，鼓勵學生發揮潛能。義大利籍顧問認為飛行如同駕駛汽車，只要多增加
　　學生練習時數即可飛行，所以未訂定考核及淘汰標準。在分科方面，義大利籍
　　顧問亦不重視驅逐訓練。請參見：華中興，〈抗戰前中央航校的飛行教育1932-
　　1937〉，頁370。

力部署及人員培訓，確定航校教育必須按比例均衡培養各科飛行人員，訂定淘汰機制。[8]同時在考慮作戰、補給、修護之一致性，並避免飛行師承及技術派別之成見而影響空軍團結，從而統一空軍教育以美式教育為尊。[9]明定以杭州筧橋航校為中心，洛陽分校改為初級班，分校所有結訓學生均須回筧橋接受中、高級教育訓練。[10]於是在空軍教育程序中，接納美式菁英教育的精神，實行嚴格淘汰及分科訓練。[11]具體教育程序及時程為：軍官基礎教育兩年，部隊專科教育一年，參謀教育一年。基礎教育又分為陸軍入伍教育一年，初級、中級、高級三級飛行訓練各 6 個月（參閱表 4-1）。

初級飛行主要為飛機機械實習 40 小時，飛行 432 小時。課目為基本飛行科目，目的在於要求基本動作的養成及能安全地單獨飛行，作為中級教育的基礎。初級飛行經過單飛落地考試及格後，即編入中級組。中級飛行的課目大致和初級相同，

[8] 「空軍作戰原則之確定及最低準備案」、「統一空軍教育並確定教育程序案」（1936年1月），〈空軍幹部會議案（二十五年）〉，《國防部史政編譯局檔案》，國家發展委員會檔案管理局藏，檔號：B5018230601/0024/003.8/3010.3。

[9] 「統一空軍教育並確定教育程序案」（1936年1月），〈空軍幹部會議案（二十五年）〉，《國防部史政編譯局檔案》，國家發展委員會檔案管理局藏，檔號：B5018230601/0024/003.8/3010.3。

[10] 華中興，〈抗戰前中央航校的飛行教育1932-1937〉，頁370。

[11] 「統一空軍教育並確定教育程序案」（1936年1月），〈空軍幹部會議案（二十五年）〉，《國防部史政編譯局檔案》，國家發展委員會檔案管理局藏，檔號：B5018230601/0024/003.8/3010.3。

主要是用高速機來複習以往所學，並加入「編隊飛行」及「長途飛行」，使學生能完成一般之飛行能力。中級飛行將結訓前，教官依照學生的性格、技術及志願等因素考量，分科進入高級組，進行專長訓練。專長訓練分成驅逐、轟炸、偵察三科。

　　美式航空教育，最大的特色為嚴格的淘汰機制。第三期的航校學生回憶，初級訓練的淘汰率高達 55%，雖然在中、高級訓練階段未再淘汰學生，仍使該期學生淘汰率超過 50%。[12]其實淘汰制度過去即有，只是美國顧問進行的飛行考核更為嚴格。從航空委員會的統計資料顯示，航空班所培訓的第一期學生，淘汰率為 23.9%。但美國顧問團進行飛行訓練、考核後，第二期的總淘汰率及提升一倍以上，達到 47.3%。若以完全在杭州筧橋受訓之第五期乙班與第六期甲班為例，在初、中、高級訓練的淘汰率，分別為：第五期乙班 48.1%、8.1%、12.2%；第六期甲班 47.3%、14.9%、5.5%。兩期總淘汰率均高達 57.46%，可見其高淘汰率。[13]從畢業的飛行員數量來看，1931 年至 1937 年，中央航空學校第一期至第六期，共培育 613 位飛行員。平均等於每年畢業 102 位飛行員，對於亟待擴充的中國空軍，是嚴重不足的。統計 1934 年至 1936 年，中央航校畢業飛行生平均每年僅一百四十人（參閱表 4-2）。在數

---

[12]　姜獻祥，《相思不斷筧橋東》，頁80。
[13]　〈航委會各屬年度工作比較表（二十五年）〉，《國防部史政編譯局檔案》，國家發展委員會檔案管理局藏，檔號：B5018230601/0025/104/2041。

表4-1　空軍教育程序表

教育程序	負責實施機關	期限	備考
入伍	中央航空學校	一年	入伍仍歸軍校代辦，惟課程由航校會同商訂，俾酌重於航空有關之基本學科，並由校派隊長、訓育教官偕同主持。俾一貫考核入伍生之品行。特別注重入伍生之體育與衛生設備之完善。
初、中級訓練	中央航空學校	8個月	此種訓練為飛行動作及品學考查，完畢後升入高級班。
高級訓練	中央航空學校	4個月	此為空軍軍事基本訓練。
專科訓練	教導總隊	6個月	分攻擊、偵查、轟炸、驅逐各組，完成最大性能之動作及專科戰鬥演習。
編隊訓練	教導總隊	6個月	隊上勤務戰術應用參謀業務及各科混合戰鬥演習。

資料來源：作者整理自「統一空軍教育並確定教育程序案」（1936年1月），〈空軍幹部會議案（二十五年）〉，《國防部史政編譯局檔案》，國家發展委員會檔案管理局藏，檔號：B5018230601/0024/003.8/3010.3。

表4-2　中央航空學校飛行科戰前畢業學生統計表

期別	畢業時間	入學人數	畢業人數	淘汰率
第一期	1931.03.19	109	83	23.9%
第二期	1934.02.02	91	48	47.3%
第三期	1934.12.30	135	61	54.8%
第四期	1935.06.01	105	55	47.6%
第五期一（乙班）	1936.01.20	188	80	57.4%
第五期甲（二）班	1936.10.12	120	73	39.4%
第六期甲（一）班	1936.10.12	242	103	57.4%

期別	畢業時間	入學人數	畢業人數	淘汰率
第六期乙（二）班	1937.05.01	217	110	49.3%
總計／平均值		1,207	613	49.2%

資料來源：作者整理自卓文義，《艱苦建國時期的國防軍事建設》，（臺北：臺灣育
英社文化事業有限公司，1984），頁229-230。

量上雖感不足，但在飛行技術的質量方面，卻是不容懷疑的。
裴偉德認為，經高淘汰率下所精選的學生，其飛行技術已與
美國陸軍飛行學生極其相似。[14] 高淘汰率成為日後空軍官校的
傳統之一。

　　統一教育程序、確立分科教育、訂定淘汰考核機制的美式
教育於焉奠定，近代中國空軍教育系統，實受美式航空教育
之影響深遠。

二、戰時美式航空訓練與教育的結合

　　1944 年，蔣中正指示周至柔等空軍幹部要與美國空軍人
員密切聯繫，考察美式教育的學科與技術特長，研究美式教
育和訓練方法，儘量觀摩、儘量取法美式教育，以促進中國
空軍教育的發展。[15] 同年，第一、二批赴美訓練學員回國，航
空委員會要求他們繳交在美國軍事學校的心得，並撰寫留學

---

[14] J. H. Jouett 著、馬思譯，〈我們怎樣建立了中國的空軍〉，頁9。
[15] 「為空軍第五次幹部會議鈞座指示案茲將遵辦情形報請鑒核備案由」（1944年6
　　月10日），〈空軍幹部會議案（三十三年）〉，《國防部史政編譯局檔案》，國
　　家發展委員會檔案管理局藏，檔號：B5018230601/0033/003.8/3010.3。

報告書。[16] 航空委員會透過他們的建議，進行一系列的空軍整頓計畫及教育建議，並於 1944 年頒布《空軍教育令》，其中包含許多美國軍事學校的制度、訓練方式，對中國航空的教育與訓練有一定的提升作用。[17]

首先是採取學科學分制評定機制。1944 年，航空委員會修改空軍教育訓練機構綱領，同年頒布《空軍教育令》，在學制方面改採學科學分制。[18] 航空學科重要的科目，其授課時間必然較多，科目次要者，授課鐘點自然較少。過去官校學生的成績計算，大多是以通過幾門學科的數量來計算，作為斷定升學、畢業或降期的依據。然而，學科的分量輕重有別。例如「空中戰術」授課時間 50 小時，可抵「飛機學」、「氣象學」、「儀器學」三門課加起來的時數。若是以通過的學科數計算，確實不夠精準，於是在 1944 年的空軍教育會議上，將此制更改為「學科學分制」。學科學分制，分量重者，其學分必多，分量輕者，其學科亦少。按照學生所修之總學分數目作為及格與否的依據，比過去的制度更為精準。[19]

---

[16] 「美國軍事學校留學報告」（1944年6月2日），〈留美學員受訓報告〉，《國防部史政編譯局檔案》，國家發展委員會檔案管理局藏，檔號：B5018230601/0031/410.11/7760。

[17] 〈空軍教育令〉，《國防部史政編譯局檔案》，國家發展委員會檔案管理局藏，檔號：B5018230601/0033/400.1/3010.2。

[18] 「推行軍校教育之要領」（未標日期），〈空軍整頓計劃〉，《國防部史政編譯局檔案》，國家發展委員會檔案管理局藏，檔號：B5018230601/0032/1920/3010.1。

[19] 「官士兩校地面學術科實施改進計分考試及升降獎罰等處置辦法」（未標日

　　每學分等於課堂講課五小時，課外預備五小時之分量。每次初級或中級結束時，學科課目有不及格而其成績在 50 分以上者，得由原教官補考，仿照美國軍事學校，高級訓練轟炸學生以「空軍戰術」及「空中轟炸」為主科。高級訓練驅逐學生以「空軍戰術」及「空中驅逐」為主科。凡有主科不及格者，得予以補考一次。[20]

　　其次，是美國教官協助建立近代航空醫學，傳遞航空醫學知識及建構航空醫學研究中心。1932 年與裘偉德同行的航空專門醫生艾德治‧亞當斯博士（Eldrige Adams）協助改進中央航空學校航空體檢制度及體適能測驗的研究。在飛行時，飛行員需要在高空、高速度及嚴寒的環境中，仍對距離有準確的判斷力和敏捷的決斷力。所以，必須更仔細地去挑選飛行員使其適任職務，軍用航空器材的駕駛員須忍受的困苦，並非地面上的人所能體會的。[21] 亞當斯博士認為，眼睛是維持平衡最重要的器官，加上 1932 年的飛行技術已和第一次世界大戰不同。1932 年更需要注意急轉飛行和黑夜飛行，投彈及駕駛的技術更必須力求準確快速。若沒有良好的平衡感，在一次急速的旋轉之後，往往使飛行員頭昏目眩而不能保持平衡。

　　期），〈空軍教育會議案〉，《國防部史政編譯局檔案》，國家發展委員會檔案管理局藏，檔號：B5018230601/0033/400.7/3010。
[20]　「官士兩校地面學術科實施改進計分考試及升降獎罰等處置辦法」（未標日期），〈空軍教育會議案〉，《國防部史政編譯局檔案》，國家發展委員會檔案管理局藏，檔號：B5018230601/0033/400.7/3010。
[21]　阮步蟾，〈美國之航空醫學校〉，《空軍》，64（南京，1934年），頁26。

他仔細傳授中國軍醫如何挑選天生具有良好平衡感（Sense of equilibrium）的學生，使近代航空醫學的知識能夠在中國發展。

之後，哈路德・古柏博士（Harold Cooper）協助醫務科長馮邦勳成立「航空訓練班」、「航空醫學研究組」，教導中國軍醫了解如何測驗學生的平衡器官、筋肉以及視覺；創設中央航空學校的醫務部，建立中國最早的航醫研究工作，並訂定軍醫教育基準（參閱表4-3）。[22] 從該表可見當時檢查項目詳細，第15期的都凱牧回憶「報名航校都會身體檢查，而且第一步就會照 X-ray，檢查肺結核。這深深打動了我，以前醫學不發達，多數人根本不可能有機會照 X 光檢查身體，更別說這是免費的。」[23] 凡報考航校均需進行體檢，且費用全免，「全校男學生，很多都是衝著身體檢查的心情前去報名」。[24] 體檢標準嚴格，何應欽在國民黨五屆三中全會軍事報告中提到「該校每年平均能造就人數照計畫畢業飛行生，應有四百人，但因身體檢查之嚴格，招生多不足額，故過去三年中，每年平均，不足二百五十人」。[25]

[22] 中華民國國民政府航空委員會編，《空軍沿革史初稿》（重慶：1940年，未刊本），頁243-244。
[23] 都凱牧（1922-2021），安東省輯安縣人，空軍軍官學校第十五期。郭冠麟訪問，〈都凱牧將軍訪談紀錄〉，收入郭冠麟等訪問，《飛虎薪傳：中美空軍混合團口述歷史》，頁55。
[24] 郭冠麟訪問，〈都凱牧將軍訪談紀錄〉，收入郭冠麟等訪問，《飛虎薪傳：中美空軍混合團口述歷史》，頁56。
[25] 何應欽，《何上將抗戰期間軍事報告》〈上冊〉，（上海：上海書店，1990年），頁38-39。

表4-3　軍醫教育基準表

	課目	所要程度
學科	黨義	三民主義、建國方略、建國大綱、國父思想
	高空生理學	X光、航空醫學論、高空缺氧與壓力變化影響
	加速度生理學	加速度飛行所引起人體官能之障礙及標準
	航空衛生學	認識氣流、寒冷、震動、輻射的保護原則
	航空心理學	注意記憶學習與航空之關係
	異常心理學	精神病與航空、精神病分類、狀態檢視
	精神病學	癡、癲、狂、癱；腦系統認識、三大腦炎認識
	航空眼耳科學	距離識別、眼睛平衡；耳病檢查、平衡機能
	航空醫學史	航醫發展史簡要、人工低壓室研究
	航空急救學	航空急救術特點、初步急救、救護飛機
	飛行原理學	基本駕駛與高空動作、飛機檢查與失事檢討
	飛機構造	簡史與分類、飛機構造
術科	軍訓	基本動作、班排教練、實彈演習
	初級飛行	感覺飛行、初級飛行
	飛行體檢實習	招考體檢、失事或因病恢復空勤體檢
	航空生理實習	高空生理基本實驗、飛行生理基本實驗
附記	本教育基準係航校時期，美國顧問 Adams 式根據美國航空醫學校育基準訂定呈奉頒行。	

資料來源：作者整理自「軍醫教育基準表」（末標日期），《空軍教育令》，
　　　　　《國防部史政編譯局檔案》，國家發展委員會檔案管理局藏，檔號：
　　　　　B5018230601/ 0033/400.1/3010.2。

　　裘偉德等人非常嚴格的挑選學生，努力將其訓練成為飛行
員，傳授他們軍事航空學、無線電、盲目飛行、航海術及氣
象學等科目。[26] 每一個飛行生都必須練習飛行 200 小時始能畢

---

[26] 盲目飛行須配合儀器及醫學設備，盲目飛行的教練專注在儀器之研究、個人對於

業，飛行 200 小時等於是繞著地球赤道飛行一圈的時間。平均在投考的人中，14% 的人可以通過筆試及體格測驗，50% 能在中央航空學校畢業，這樣的通過率與美國陸軍航空學校的通過率大致相同。[27]

　　在空中作戰時需要大量氣象情報來報輔助飛行，美軍航空教育極重視飛行人員氣象學的訓練，直接奠定飛行人員的氣象學教育。由於軍事上對於氣象人員的需要，抗戰期間航空委會展開培訓測候員的措施。1938 年，航委會安排 20 名人員參加受訓，在昆明航校、柳州分校、成都士校及蘭州總站各派 5 人進行分地訓練，以美國教官講授課程，於 1939 年 2 月完成培訓。此為空軍訓練氣象人員的濫觴，與過去僅為培養飛行員的課程目的不同。[28]1937 年，昆明空軍官校成立測候訓練班，派劉衍淮籌劃訓練氣象人員的課程，建立了測候人員的訓練制度。[29]

　　1944 年，中國亦將氣象學教育制定於官校課程之中。[30]在

空中之身體反應。請參閱：舒伯炎譯，〈盲目飛行之訓練方法〉，《空軍》，148（杭州，1935年），頁13-19。

[27] J. H. Jouett著、馬思譯，〈我們怎樣建立了中國的空軍〉，頁9。

[28] 「航空委員會民國二十七年工作實況報告」（未標日期），〈航空委員會工作報告（二十七年）〉，《國防部史政編譯局檔案》，國家發展委員會檔案管理局藏，檔號：B5018230601/0027/109.3/2041.5。

[29] 「航空委員會民國二十八年工作計劃」（未標日期），〈航空委員會工作計劃案（二十八年）〉，《國防部史政編譯局檔案》，國家發展委員會檔案管理局藏，檔號：B5018230601/0028/060.25/2041.2。

[30] 「確定飛行人員氣象教育水準案」（未標日期），〈空軍教育會議案〉，《國防部史政編譯局檔案》，國家發展委員會檔案管理局藏，檔號：B5018230601/0033/400.7/3010。

空軍官校初級班方面，規定學生必須學習普通氣象學、熟習
辨識天氣圖方式「務必使學生一目瞭然，對於各地天氣好惡
之分布，能得深刻之印象。」[31] 高級班的學生，必須學習「天
氣演變之理論」研究、「預報術」、對於敵地及重要航路各
季氣候。並以航空委員會所指派的氣象教官或測候員，作為
考核教官。[32]

第二節　中美空軍混合團與美式航空教育的深耕

一、中美空軍混合團的創建

　　二次大戰期間，中國空軍發展較遲，且限於物力、財力，
不克組成強大的空中武力，對抗在數量上、性能上皆佔優勢的
日本海軍及陸軍航空兵團飛機。如前所述，中國空軍的組成
背景相當複雜。有來自各省的空軍，有來自中央空軍官校的
空軍。有些接受英國、法國的訓練，有些接受美國、義大利
的訓練。不同程度的飛行訓練，加上使用各國的飛機和裝備，
1940 年代以前的中國空軍可謂是全球航空設備的大雜燴。加
之，中國軍方司令部和各個飛行中隊之間時有衝突，從 1927

---

[31]　「確定飛行人員氣象教育水準案」（未標日期），〈空軍教育會議案〉，《國
防部史政編譯局檔案》，國家發展委員會檔案管理局藏，檔號：B5018230601/
0033/400.7/3010。

[32]　「測候班訓練概況表」（未標日期），〈空軍抗日戰爭經過〉，《國防部史政編
譯局檔案》，國家發展委員會檔案管理局藏，檔號：B5018230601/0035/152.2/
3010.2。

年到 1937 年的十年間，南京空軍部隊與廣東地方空軍的摩擦衝突不斷。中國空軍指揮體系的混亂，是造成中國空軍無法統一的重要原因。

　　在戰爭中要解決上述這些積累多年的情況，更是難上加難。陳納德感受到了這一點，他深深地認識到，要解決這個問題最好的辦法，即是建立一支完全美式教育及裝備的空中部隊。加上甫受訓回國的空軍官校飛行員，於是建立了中美空軍混合團。[33] 尤其 1941 年至 1945 年太平洋戰爭期間，中國戰區空戰以陳納德所指揮的「飛虎隊」（Flying Tiger）為主要戰力，偕同中國空軍並肩對日作戰。[34]「飛虎隊」先後歷經三個階段：

一、中國空軍美國志願大隊（American Volunteer Group，
　　簡稱 AVG），1941 年 8 月至 1942 年 7 月 3 日。

二、駐華航空特遣隊（China Air Task Force，簡稱 CATF），
　　係由志願大隊改編而成，1942 年 7 月 4 日至 1943 年
　　3 月 9 日。

三、第十四航空隊（Fourteenth Air Force），由駐華特遣隊

---

[33] 饒世和（M. Rosholt）著，戈叔亞譯，《飛翔在中國的上空——1910-1950年中國航空史話》（瀋陽：遼寧教育出版社，2005），頁176。

[34] 飛虎隊其實並非中美官方文書上的正式稱謂，而係中、美輿論最初讚譽「美國志願隊」之詞。大約在1942年春轉戰於昆明、仰光之間時，屢次以寡敵眾，戰果輝煌，頗引中外矚目。陳納德某日接到路易斯安那州家鄉友人寄來報導志願隊作戰情形的剪報，才知道志願隊已被稱為飛虎隊。詳請參見：陳納德著、陳香梅譯《陳納德將軍與中國》，（臺北：傳記文學出版社，1978），頁128。

擴編而成的獨立作戰單位，1943 年 3 月 4 日至 1945
年 8 月。

第十四航空隊下轄有戰鬥、轟炸、地勤、修護等單位，
其中最為特殊的就是由中美雙方共同組成的中美空軍混合團
（Chinese-American Composite Wing, CACW）。[35] 美軍在來華從
事空戰之初，即希望組織一支中美混合聯隊。[36]1941 年 10 月，
中國開始選送空軍學員生赴美受訓，這些接受美式航空教育
的中國空軍飛行員原先剛回國時，分散各地，無法有效發揮
戰力。1942 年 9 月，美國駐華大使高思（Clarence E. Gauss）表
示，這些來美受訓的中國飛行員返國後，若能歸陳納德指揮，
實際參與戰鬥以及吸收經驗，其戰力必然可觀。[37]1943 年 3 月，
高思再次聲明如何運用中國飛行員與美國在華航空部隊聯合
作戰的問題。高思認為，「這些經過整個美式航空教育訓練
的學員，返回中國後，往往無法發揮所學。為了避免浪費，
應在陳納德指揮下，將這些飛行員納入美國航空部隊系統，
或隨同美國航空隊共同作戰。如此方能有助於建立中國空軍，
此對中國有用，對美國更有利」。[38]1943 年 4 月 10 日，美國

---

[35] 汪夢泉（1916-2012），四川省簡陽縣人，空軍軍官學校第十二期。詳參：郭冠
麟訪問，〈汪夢泉將軍訪談紀錄〉，收入郭冠麟等訪問，《飛虎薪傳：中美空軍
混合團口述歷史》（臺北：國防部史政編譯室，2009），頁97。

[36] 劉妮玲，《陳納德與飛虎隊》，頁738。

[37] 劉妮玲，《陳納德與飛虎隊》，頁738。

[38] "Memorandum by the Ambassador in China (Gauss), Temporarily
in the United States, to the Adviser on Political Relations (Hornbeck),

陸軍航空隊司令安諾德對高思的建議，表示同意，並謂已開始擬定計劃。[39]

　　1943 年 5 月，陳納德與史迪威（Joseph W. Stilwell）至華盛頓參加「三叉戟」會議（Trident Conference），陳納德在會中向羅斯福提議，組成一支中美空軍人員混合編成的部隊，既可以協助中國空軍，又能加強中國獨立對日作戰的能力，直至戰事結束。[40]陳納德秉持羅斯福所強調「中美合作的基礎應當建立在一切工作階層，而不單以最高級的接洽為對象」。[41]因此，戴維森准將（Brig. Howard Davidson，之後擔任中美混合團第 10 航空隊指揮官）草擬成立中美混合團的計劃，以「蓮花」（Lotus）為中美混合團任務代號。[42]1943 年 7 月，中、美兩國人員從各地向喀拉蚩（Karachi）附近的馬利爾機場（Malir airdrome）集結。8 月 5 日，開始飛行員的訓練工作，

Washington, March 31, 1943." Foreign Relations of the United States, Diplomatic papers, 1943, China, 「RUS.

[39] "The Adviser on Political Relations (Hornbeck) to the Commanding General, Army Air Forces (Arnold), Washington, April 3, 1943." Foreign Relations of the United States, Diplomatic papers, 1943, China, FRUS.

[40] W.F. Craven, The Army Air Force in World War II, Volume IV, (Chicago: The University of Chicago Press, 1950), pp. 440-441；劉妮玲，〈陳納德與飛虎隊〉，頁738；陳納德著、陳香梅譯《陳納德將軍與中國》，頁237。

[41] 陳納德著、陳香梅譯《陳納德將軍與中國》，頁237。

[42] Carl Moleswoth and H. Stephens Moselet,"Fighter Operations of the Chinese-American Composite Wing", Journal American Aviation Historical Society, (1982), p.242；「周至柔致毛邦初電」（1944年7月），〈抗日戰爭戰果統計案（空軍）〉，《國防部史政編譯局檔案》，國家發展委員會檔案管理局藏，檔號：B5018230601/0033/544.2/5001。

中國空軍的機械人員也在美國空軍人員的指導下，負責裝配飛機。1943 年 10 月 1 日，中美空軍混合團（Chinese-American Composite Wing, CACW）在馬利爾機場正式成立。[43]

中美空軍混合團隸屬第十四航空隊的指揮體系，團部設有美籍司令 1 人，中方副司令 1 人，團部併設 4 個科及若干特業參謀部門（參閱表 4-4）。在團部之下有 3 個大隊，分別為第 1、3、5 大隊，各大隊下設 4 個中隊，其中第 1 大隊為中型轟炸大隊，下轄第 1、2、3、4 中隊，於 1943 年 10 月至 1944 年 8 月間編成；第 3 與第 5 大隊均為戰鬥機大隊，第 3 大隊下轄第 7、8、28、32 中隊，於 1943 年 10 月至 1944 年 1 月間編成；第 5 大隊下轄第 17、26、27、29 中隊，於 1944 年 1 月至 1944 年 4 月間編成。[44]

1942 年 3 月，中國政府將空軍第 1、第 2、第 3、第 4、第 5 及第 11 大隊，分批調往印度卡拉齊接受美國代訓，並接收新機。[45]1943 年，中美空軍混合團在卡拉齊附近的馬利爾機場（Malir airdrome）進行訓練。[46] 希望在 6 個星期內將中、美隊

---

[43] 〈中美空軍混合團司令部編制案〉，《國防部史政編譯局檔案》，國家發展委員會檔案管理局藏，檔號：B5018230601/0033/585/5000。

[44] 〈中美空軍混合團司令部編制案〉，《國防部史政編譯局檔案》，國家發展委員會檔案管理局藏，檔號：B5018230601/0033/585/5000；郭冠麟主編，《飛虎薪傳：中美空軍混合團口述歷史》（臺北：國防部史政編譯室，2009），頁19-20。

[45] 劉維開，〈空軍與抗戰〉，頁320。

[46] 〈留美飛行人員訓練計劃〉，《國防部史政編譯局檔案》，國家發展委員會檔案管理局藏，檔號：B5018230601/0032/422/7760。

表4-4　中美空軍混合團組織編制圖

第十四航空隊
Fourteenth Air Force
中美空軍混合團
Chinese-American Composite Wing，簡稱 CACW
第五戰鬥大隊
第三戰鬥大隊
第一轟炸大隊
十七中隊
二十六中隊
二十七中隊
二十九中隊
七中隊
八中隊
二十八中隊
三十二中隊
一中隊
二中隊
三中隊
四中隊

資料來源：整理自〈中美空軍混合團司令部編制案〉，《國防部史政編譯局檔案》，國家發展委員會檔案管理局藏，檔號：B5018230601/0033/585/5000。

員混合編制，成為一個完善的戰鬥團體。[47]使每名飛行員了解，
每個人均非獨立之個體，而是團體中之一員。全體人員應將
「作戰之成功有賴於全體人員協同合作之良好」作為首要觀
念。[48]訓練內容分為空中飛行訓練（參閱表 4-5）、戰鬥員訓
練與地面訓練（參閱表 4-6）。

表4-5　空中飛行訓練計劃

課目	時數	注意事項
正副駕駛員進度	2 小時	正駕駛員應熟習飛機性能、全部操縱術。 副駕駛員應熟習緊急操縱、無線電裝備及使用方法。
射擊教練	15 小時	飛行員至少應有 1,500 發射擊之練習。
戰術教練	15 小時	應使用編隊飛行。
領航員訓練	30 小時	各領航員應有 15 小時之航行訓練課目。
編隊飛行訓練	15 小時	採四機編隊，用於低空飛行或俯衝轟炸。
俯衝轟炸	6 小時	俯衝轟炸為正駕駛員訓練之主要課目。
中空及高空轟炸	3 小時	
總計課程時數：86 小時		

資料來源：作者整理自「美軍第十四航空隊卡拉齊戰鬥教訓隊戰鬥人員訓練計劃」
　　　　　（1943年8月21日），〈留美飛行人員訓練計劃〉，《國防部史政編譯
　　　　　局檔案》，國家發展委員會檔案管理局藏，檔號：B5018230601/0032/
　　　　　422/7760。

---

[47]　「美軍第十四航空隊卡拉齊戰鬥教訓戰鬥人員訓練計劃」（1943年8月21日），
　　　〈留美飛行人員訓練計劃〉，《國防部史政編譯局檔案》，國家發展委員會檔案
　　　管理局藏，檔號：B5018230601/0032/422/7760。
[48]　「美軍第十四航空隊卡拉齊戰鬥教訓戰鬥人員訓練計劃」（1943年8月21日），
　　　〈留美飛行人員訓練計劃〉，《國防部史政編譯局檔案》，國家發展委員會檔案
　　　管理局藏，檔號：B5018230601/0032/422/7760。

表4-6　戰鬥員訓練及地面訓練計劃

戰鬥員訓練	
空中轟炸及情報報告 飛行程序	起飛前戰鬥員之準備、編隊聯絡規定、火網構成、編隊之起飛及空中之集合、合於儀表正常狀態下之編隊飛行、進入轟炸航路後各戰鬥人員之職務、無線電訓練、船艦之轟炸。
緊急裝備	緊急用水壓機、飛機逃生實習、救生筏安全活門、救護設備及其使用方法。
機械學	發動機保管、氣化器使用、水壓機、電氣設備保養。
轟炸學	轟炸員教練、轟炸原理、轟炸瞄準器原理及操作方法、轟炸瞄準器調整、炸彈架及投彈機構。
航行訓練	海圖地圖、位置探測法、空中戰術。
無線電	原理、無線電保管、實際應用。
射擊訓練	原理及保管、裝拆及清潔法、地面射擊術、砲塔射擊。

資料來源：作者整理自「美軍第十四航空隊卡拉齊戰鬥教訓隊戰鬥人員訓練計劃」（1943年8月21日），〈留美飛行人員訓練計劃〉，《國防部史政編譯局檔案》，國家發展委員會檔案管理局藏，檔號：B5018230601/0032/422/7760。

　　1943 年第三、四批留美學員（空軍官校第十三、十四、十五期）混合分成兩隊，一隊分配到 28 中隊，一隊分配在 32 中隊，都是隸屬在空軍第三戰鬥機大隊之下的中隊。第三大隊是隸屬中美空軍混合團隊，並由美國十四航隊負責作戰指揮。中隊，大隊及聯隊所有部隊長與工作人員，均由中、美雙方派選相對人員充任，因此，28 中隊，有中國隊長一人，同時也有美國中隊長一人，另有中美分隊長各四人，機械人員也是雙方派遣互相協同工作。[49] 出任務時由雙方平均派遣為

---

[49] 翟永華著，《中國飛虎：鮮為人知的中美空軍混合聯隊》（香港：四季出版有限

原則，譬如兩機任務時，中美各 1 架飛機出動，四機任務時則為中美各 2 機出動。[50]

　　其中最著重之科目，是編隊中互相支援掩護，將來在戰場上用處很多，在卡拉齊進行的戰鬥訓練課程，與在美國的戰鬥訓練課程訓練科目，大同小異，只強調陳納德要求的四機編隊，在戰術上的重要性，如何運用。兩個中隊，輪流飛上下午，待部隊長熟習飛機性能後，開始編隊，繼又空地靶射擊，同時還有打鷹靶練習，一架靶機貼近海面上飛行，在海面上有一飛機陰影，戰鬥機駕駛對著影子射擊。[51]

　　在卡拉齊進行的戰鬥員訓練分成八項目，空中轟炸及情報報告、飛行程序、緊急裝備、機械學、轟炸學、航行訓練、無線電、射擊訓練。尤以「緊急逃生」的訓練計劃最為詳盡，細分「海上或水上之強迫降落（脫離飛機）」、「放棄飛機」、「放棄飛機信號」三節說明。當飛行員判斷飛機不能維持在陸上降落時，應立即準備脫離飛機。同時記錄風向、風速、偏流，計算出飛機座標。其次，發出「放棄飛機警告信號」，為了避免被敵軍發現，放棄飛機警告的信號為密語，各大隊均不相同。放棄飛機準備跳傘的程序，正副駕駛使用飛機前部之門，正常

公司，2015），頁79。

[50] 盧茂吟（1921-），江蘇省銅山縣人，空軍軍官學校第十五期。詳參：郭冠麟訪問，〈盧茂吟先生訪談紀錄〉，收入郭冠麟等訪問，《飛虎薪傳：中美空軍混合團口述歷史》，頁218。

[51] 翟永華著，《中國飛虎：鮮為人知的中美空軍混合聯隊》，頁80。

跳傘方法為面對飛機尾部，兩腳先跳離飛機。最後，當飛機迫降於敵人陣地或靠近敵人陣地，機上人員應將飛機破壞，破壞飛機方法「破壞飛機之方法有二：一、將飛機機身與發動機間之機翼下汽油螺帽打開，用信號槍射擊使其燃燒；二、將通在汽化器之油管切斷，用信號槍射擊使其燃燒。」[52]

這些訓練使得機組人員在戰場上獲得更大的生存機會。例如都凱牧回憶「我下令跳傘後，轟炸員先跳出去，接著副駕駛由駕駛艙下逃生門跳傘，兩個射擊士及通信員由機身側門跳出，最後我也跳出來了，整個跳傘行動在 4、5 分鐘內就完成。而我們空勤人員每個人都會分發到一個求生包，內有火柴、乾糧、刀子以及所謂『大力丸』的興奮劑等求生工具，而我們身上穿的是可禦寒的飛行皮衣，所以短時間的求生不成問題。」[53]

二、中美空軍混合團對美式航空教育的體現

赴美返國的飛行員可以說是中美混合團的主力成員，這些飛行員透過在美學習的航空知識，配合美國軍機，直接運用在

---

[52] 「放棄飛機」、「放棄飛機警告信號」、「海洋或水上之強迫降落（脫離飛機）」、「飛機之破壞」（1943年8月16日），〈留美飛行人員訓練計劃〉，《國防部史政編譯局檔案》，國家發展委員會檔案管理局藏，檔號：B5018230601/ 0032/422/7760。

[53] 郭冠麟訪問，〈都凱牧將軍訪談紀錄〉，收入郭冠麟等訪問，《飛虎薪傳：中美空軍混合團口述歷史》，頁78-79。

中國戰場上。當時中國的飛行員大致上分為兩種，一是在中日戰爭開始時即與日軍作戰的資深飛行員，這些飛行員是在中國本土受訓，為空軍官校 11 期之前的畢業生，加上 1930 年代以前，中國各省自行建立的空軍部隊飛行員。二是空軍官校 12 期至 16 期的畢業生，在國內完成初級訓練之後，即選送美國接受完整的美式飛行訓練。這些赴美受訓的年輕飛行員，在戰術與思維上與美籍軍官配合得宜。中美空軍混合團的合作模式，亦使美軍航空知識逐漸在空軍的群體中傳播。使近代中國空軍，從以往多元的空戰思維及概念，逐漸趨於一元，走向美國化的過程。

　　美國派來的幹部例如大隊長、中隊長，都是經過美軍正規飛行教育訓練，且具有豐富作戰經驗的飛行員，有些已經在歐洲戰場立下不少汗馬功勞。中國幹部雖然也都是飛行技術優異，亦卓有戰功，但是因為中國空軍早期曾接受俄國、義大利的空軍訓練，與美軍合作當然要有適應的時間，所以多由美軍來主導。年輕的飛行員都是美國受訓回來的，適應方面沒有問題。[54] 中美空軍混合團的編制中，老經驗的中國飛行員都在中國接受訓練，年輕的飛行員大部分是在美國受訓之後分配到中美空軍混合團。赴美的中國飛行員所接受的訓練大致與美國飛行員相同，但是為了因應緊急需求，所以將部分

---

[54]　郭冠麟訪問，〈汪夢泉將軍訪談紀錄〉，收入郭冠麟等訪問，《飛虎薪傳：中美空軍混合團口述歷史》，頁97。

的訓練課程加以濃縮。赴美中國飛行員的訓練期程較美國飛行員短，因此他們在戰場上若有優異的戰功，則必定能鼓舞中國民心士氣。[55] 曾為第五大隊隊員的賈維特（Harold Javitt）回憶，「1930 年代，中國空軍基本上無法有效對抗日本空軍。當時中國空軍組織不良，飛機老舊，維修作業也不足。陳納德在 1930 年代末受蔣委員長的聘請，來協助中國強化其空軍。據我所了解，陳納德在中國做了許多興革。例如送中國飛行員到美國訓練；以及成立若干戰術單位，將經驗豐富且技術精湛的美國飛行員，與需要一些系統與指導的中國飛行員進行混合編組。」[56]

這樣的成果，除了顯示中國空軍的力量日益增強之外，更可視為美空軍作戰模式對中國空軍的助力。「美式空中編隊」的引進可作為舉例說明。「一回到印度，我就被告知分配到第 3 大隊的第 32 中隊，並和已在當地受訓的第 32 中隊成員進行編隊作戰訓練。因為混合團是採用美國的空中編隊概念來作戰，我們這些從美國受訓回來的飛行員已經很熟練。但是中國空軍未曾赴美受訓的隊員（即空軍官校 12 期以前），多是接受俄式飛行訓練和俄式飛機，作戰觀念、用語也都是用

---

[55] 劉力瑄訪問，王建基、郭冠麟記錄，〈賈維特（Harold Javitt）上校訪談紀錄〉，收入郭冠麟等訪問，《飛虎薪傳：中美空軍混合團口述歷史》，頁254。

[56] 劉力瑄訪問，王建基、郭冠麟記錄，〈賈維特（Harold Javitt）上校訪談紀錄〉，收入郭冠麟等訪問，《飛虎薪傳：中美空軍混合團口述歷史》，頁253。

俄式的，所以一定要重新訓練。」[57] 從關振民（1919-）訪談記
錄中可知，當時中國空軍的編隊作戰係採俄式編隊，俄式編
隊為 3 機 1 組，2 架在前，1 架在後。在中美空軍混合團，美
軍依照陳納德的建議，採用 2 機 1 組，所有編隊都以 2 機為單
位。未赴美受訓的中國飛行員，原先大多是接受俄式訓練，
透過這樣的訓練之後，亦採美式空中編隊。美國航空知識間
接地轉移到中國空軍隊伍中。

> 一般而言，4 機 1 組的機會比較多。以我後來出任務的
> 經驗，4 機出動時，前一組進行地面攻擊，後一組考以
> 在空中防護而且美國飛機火力及馬力強，互相掩護作戰
> 的功能很好。所以，全隊人員均必須要重新整合訓練，
> 以符合美軍。[58]

該團成軍時即規劃以美軍來主導任務，所以才會在各個中
隊編制 7 名以上的美國飛行員分隊長。此舉的用意即是希望
可以帶給中國空軍新的戰術觀念。[59] 美軍航空知識逐漸在空軍

---

57 關振民（1919-），遼寧省法庫縣人，中央航校第八期。郭冠麟訪問，〈關振民將
軍訪談紀錄〉，收入郭冠麟等訪問，《飛虎薪傳：中美空軍混合團口述歷史》，
頁157。

58 郭冠麟訪問，〈關振民將軍訪談紀錄〉，收入郭冠麟等訪問，《飛虎薪傳：中美
空軍混合團口述歷史》，頁157。

59 郭冠麟訪問，〈關振民將軍訪談紀錄〉，收入郭冠麟等訪問，《飛虎薪傳：中美
空軍混合團口述歷史》，頁158。

的群體中傳播。徐華江將軍的口述歷史可得知，「我這種在抗戰開始即參戰的飛行員，此時已擔任分隊長以上的幹部了，但是我們之前在官校所受的訓練不甚統一，有英、美、法、義、俄等國的飛機及教官。不但機種複雜，概念也不盡相同。所以我們去印度接機時，也必須學習美軍的空軍思維及作戰模式。」[60]

中美混合團的作戰模式，通常以美軍主導任務，係因為美軍有完整的情報網。美軍的情報網對於日軍情況的掌握十分確實。每次出任務之前，由美方以英文進行任務提示，再由英文程度好的中方飛行員或是翻譯官將內容翻譯成中文。

軍事指揮系統採所謂「一條鞭」制，由美方主導作戰系統，但行政系統則依照雙方原有的行政體系運作。有鑑於美方擁有良好的情報、通信、雷達等系統，能確實掌握敵情，因此幾乎所有任務都由美方大隊長下達指令，中方大隊長才依據該指令對中方人員下達作戰命令。[61]

中美空軍混合團的編組，可視為中美軍事合作的最佳典範。就戰鬥效率而言，飛行的架次與其戰果相較，實比任何

---

[60] 徐華江（1917-2019），黑龍江省富錦縣人，中央航校第七期。郭冠麟訪問，〈徐華江將軍訪談紀錄〉，收入郭冠麟等訪問，《飛虎薪傳：中美空軍混合團口述歷史》，頁121。
[61] 王松金（1917-），浙江省東陽縣人，空軍軍官學校第十四期。詳參：郭冠麟訪問，〈王松金上校訪談紀錄〉，收入郭冠麟等訪問，《飛虎薪傳：中美空軍混合團口述歷史》，頁202。

全屬美國人的單位優為優。[62]「地面勤務人員由中美兩國機械士共同組成，最初認為兩國語言不同，困難不免發生。然結果語言上之隔閡，竟以驚人之速度消除。此事足以令吾人相信中美間之合作，並無不可克服之困難。」[63]

對曾經赴美受訓的人員，在應用英文溝通上較為容易，其餘的人則運用簡單的詞彙和相通的作戰術語交換。後來，隨著雙方人員對作戰模式逐漸成熟，1944 年 5 月至 6 月中原會戰以後，有些任務就由中國飛行員領隊。尤其，1945 年以後，許多任務均由中國飛行員負責編隊出擊。[64] 經過多次的作戰合作之後，原先只有赴美受訓人員所熟悉的美國航空知識、作戰模式及思維，潛移默化地影響中國資深飛行員。當時的報紙紀載「中美空軍混合大隊乃獨一無二之攻擊性空軍，擁有當時最新式之 P-40、B-25 兩式飛機。中美飛行員將以同屬一隊之地位，共同作戰。混合大隊隊長由陳納德司令自兼，中美兩國飛行員共組一隊。表示第十四航空隊與中國空軍間之合作日益密切。該隊之獲得新飛機，更足以表示供應品輸華

---

[62]　Carl Moleswoth and H. Stephens Moselet, "Fighter Operations of the Chinese-American Composite Wing", *Journal American Aviation Historical Society,* (1982)；國防部史政編譯局翻譯，《中美空軍混合團英勇戰鬥紀實》（臺北：國防部史政編譯局），頁100。

[63]　〈獨一無二之攻擊性空軍，中美混合大隊成立〉，《中央日報》（重慶），1943年11月6日。

[64]　郭冠麟訪問，〈汪夢泉將軍訪談紀錄〉，收入郭冠麟等訪問，《飛虎薪傳：中美空軍混合團口述歷史》，頁98。

數量益增。混合大隊第一批隊員於是日離美來華,該隊人員
軍曾在印度訓練營受訓一年以上,學習各種最新式之技術。

　　1945 年 4 月 9 日「湘西會戰」,可作為前述中美空軍並
肩作戰的實例。[65] 日本自 1944 年 4 月中旬發動「一號作戰」後,
對中國桂柳、湘西的攻擊企圖越加明顯。[66] 至 1945 年 4 月,湘
桂日軍為阻止中國反攻,企圖破壞中國芷江空軍基地,乃在
全縣、東安、紹陽、湘潭等地集結 4 個師以上兵力及各型飛
機 135 架,於 1945 年 4 月上旬進攻湘西。中美空軍混合團第
四中隊與第五大隊為空中作戰主力,中國空軍第二大隊第九
中隊協助陸軍攻擊地面之日軍。[67] 據都凱牧將軍回憶「第四中
隊內部配合得當並全部進駐芷江,併同第五大隊全力阻止日
軍的最後一搏。此時所有油彈補給都優先供應給芷江,在油
料不足的情形下,我們只好與第二中隊每週輪流出任務。……
中隊進駐梁山直到抗戰結束,日機未曾來空襲過;我們出任
務時,不論是否有戰鬥機護航,幾乎未曾見到日機攔截,即
使有所遭遇,日機軍馬上低空逃避」。[68] 從這段紀錄可知,中

[65]　「湘西會戰」,主戰時間為1945年4月9日－1945年6月7日,日軍稱「芷江作
　　戰」。杉本清士、三浦正治,《中國方面陸軍航空作戰》,收入《せんしそう
　　しょ(74)》(東京:あさぐも,1972年),頁764。
[66]　松田正雄、生田惇,《陸軍航空の軍備と運用(3)終戰まで》,收入《せんしそ
　　うしょ(94)》(東京:あさぐも,1976年);杉本清士、三浦正治,《中國方
　　面陸軍航空作戰》,收入《せんしそうしょ(74)》,頁545-546。
[67]　國防部史政編譯局,《抗日戰史──全戰爭經過概要(五)》(臺北:國防部史
　　政編譯局,1982年再版),頁590。
[68]　郭冠麟訪問,〈都凱牧將軍訪談紀錄〉,收入郭冠麟等訪問,《飛虎薪傳:中美

美空軍混合團內部配合得宜，同時，亦能協助中國空軍的進
攻。所以此地區中美空軍混合團強大的空中武力，除掌握制
空權外，也讓第五大隊得以在「湘西會戰」中無後顧之憂全
力奮戰。

　　直到太平洋戰爭結束，中美空軍混合團的影響力仍持續
著。1949 年後，中華民國在臺灣建立基地，此時中美空軍混
合團的訓練開始發揮作用。因為以往在該團服務過的許多人
員，已晉升到高級軍官，足以對中國空軍的作戰發揮影響力。
斯崔克蘭（Euqene Stricklamd）回憶：「1953 年，當我任職於
琉球時，我曾訪問過臺灣，並詳細談到中國空軍的效率。那
時，中國空軍已完全採用中美混合團所發展出來的那一套補
給保養作業程序。」[69] 中美空軍混合團是政治壓力與軍事革
新的產物，在中國對日本戰事最艱苦的階段，扮演了重要的
角色。

空軍混合團口述歷史》，頁76。
[69] Carl Moleswoth and H. Stephens Moselet, "Fighter Operations of the Chinese-American Composite Wing", *Journal American Aviation Historical Society,* (1982)；國防部史政編譯局翻譯，《中美空軍混合團英勇戰鬥紀實》（臺北：國防部史政編譯局），頁100。

05
CHAPTER

結論

　　本書透過戰爭時期對飛行員的需求，考察太平洋戰爭期間
國民政府推動航空教育及建設的過程。飛機雖然在清末被引
進中國，而且在第一次世界大戰後英、法、義等國相繼建立
空軍並發展航空教育。民國初年不論是北京的中央政府、廣
州政府或地方軍閥派系，都對航空事業或空軍的規劃懷抱遠
見。1909 年，孫中山提倡「航空救國」之理念。1913 年，北
京政府開辦「南苑航空學校」，創建了民國航空教育。1920 年，
孫中山在廣州成立航空局，直屬大元帥府，下轄兩隊飛機隊。
1921 年 2 月，孫中山重返廣州，成立大本營，航空局各項業
務逐步開展，並創設「廣東航空學校」，訓練飛行及轟炸人
才。1925 年 7 月 1 日，國民政府在廣州成立，至 1926 年 7 月，
「國民革命軍」北伐，航空局改組為航空處，直屬國民革命
軍總司令部；1927 年 4 月，國民政府奠都南京，同年 9 月航
空處改隸軍事委員會，並設航空司令部；1928 年 6 月，「國
民革命軍」進入北京，北伐軍事結束，北京政府的航空行政，
由航空處接收。

　　國民政府的航空教育，可追溯至 1928 年 10 月成立的「中
央陸軍軍官學校航空隊」。1929 年 6 月改組為「中央陸軍軍
官學校航空班」；1931 年 3 月，「中央陸軍軍官學校航空班」
劃歸軍政部航空署，並且擴大組織編制，改組為「軍政部航空
學校」。1932 年 9 月，正式改制為「中央航空學校」，由蔣
中正兼任校長。1937 年，中國對日抗戰爆發後，中央航空學

校輾轉遷移到雲南昆明。1938 年 7 月，正式定名為空軍軍官
學校，校長由軍事委員會委員長蔣中正擔任。在太平洋戰爭
期間，中國航空教育隨著空間和時間的轉移，產生極大的變
化。就空間而言，中國的航空教育機構隨著國民政府的內遷，
中央航空學校也隨之往後方遷移。國民政府在中國西南建立
空軍軍事基地及機場，打破戰前航空教育機構集中於沿海地
區的局面。而就時間而言，1941 年 12 月，珍珠港事變爆發，
美國對日宣戰，美軍在亞洲的策略為海空戰，這種作戰方式
必須有精良的空中機隊，才能擬定作戰計畫。因此，美方派
人來華展開調查，決定與中國建立同盟關係。美式航空教育，
逐漸成為中國航空教育發展的主流力量。

　　整體而言，1930 年代國民政府航空教育的建立，可說是
一波三折，阻礙重重。在軍制上，起初空軍委身於人，寄居
在陸軍體系之中。直到 1932 年 12 月前，中國的空軍在制度上
仍是隸屬於陸軍體系之下。1932 年 12 月，航空署擬具《空軍
軍佐任免暫行條例集暫行俸給規則》，解決空軍人員在陸軍
體系下的官階、薪餉及升遷等問題。組織空軍官佐資格審查
委員會，將所有在航空署及所屬機關服務之人員，按學歷、
經歷重新審定官階及薪餉。硬體方面，校地無著落，只能就
近向陸軍借操場及跑道。教育器材缺乏，飛機數量不足，學
生實際操作飛機時數嚴重不足。空軍是一門科學的技術，除
了專業科目之外，更仰賴長時間反覆練習，方能習得飛行技

術。若要在戰場上發揮制敵的功效，更要嫻熟戰鬥技能。學制方面，直到 1944 年《空軍教育令》頒布後，全國各航空學校的學制方才統一。

　　在面臨航空器材不足、飛行技術不足及學制混亂等諸多困境下，國民政府急尋外國軍事顧問團的援助。1941 年太平洋戰爭爆發之前，協助中國空軍發展的國家，有蘇聯、德國、美國及義大利，原先以德國的訓練方法為主，之後受到國際情勢的轉變，最後以美式教育為依歸。1931 年，軍政部航空學校成立，此時由德國顧問協助從事各項訓練，但德國本身受到「凡爾賽和約」（Versailles Treaty）的限制，不准發展空軍，所以在技術上、經驗上都遜於美國。直到 1932 年美國陸軍退役上校裘偉德（John H. Jouett）帶領一支非官方性質的顧問團來中國，針對「如何訓練中國的空軍」課題，展開為期三年的調查、計劃與組織中央空軍的工作。1933 年，義大利亦組成「空軍顧問團」進入中國，該團係由勞第（Roberto Lordi）將軍的領導之下組成，其中人員均為義大利現役空軍軍官，包括 40 名空軍飛行員及 100 名工程師和機械士。[1] 義大利顧問團的主要工作是負責訓練中央航空學校洛陽分校與協助建設南昌飛機製造廠。[2] 當時中國空軍內部主張跟義大利學習航空

<hr>

[1]　劉維開，〈空軍與抗戰〉，頁266。
[2]　〈蔣委員長原指定容克斯飛機製造廠在重慶〉，《近代中國》，45（臺北，1985年2月）。

教育的軍官，以洛陽航校代校長黃毓沛的意見為主。他認為中國應採用義大利式的航空教育，聘請義大利顧問來授課。美國與義大利兩種教育模式何者較適合中國？隨著美國租借法案的通過，中國預期能夠向美方取得飛機，加上中美軍事合作的建立，中國航空教育至此以美式教育為依歸。1930年代中國航空教育，先有德、美、義等國外籍顧問參與，但德國顧問無論時間、影響程度均不顯著。義大利顧問雖一度建立其獨特的訓練模式，但在未被普遍接受的情況之下，兩年即告結束，唯有美國裘偉德顧問團，因參與中央航空學校的建設，創造一個規模較為廣大的影響力，歷經數十年而不衰。

　　1941年10月4日，航空委員會軍政廳廳長黃光銳為空軍員生赴美一事呈報蔣中正〈派遣赴美訓練飛行辦法〉，於是展開派遣赴美學生之選拔與訓練。該辦法開宗明義指出選派目的為「有效利用美國飛行教育設備及訓練，期得經濟迅速造成多量飛行人員，供應抗戰建國之需要。」於是為了達成經濟、迅速等目標，以促使提高效率，製造大量飛行員，就必須對訓練人員、期限、淘汰等標準訂定明確規範。赴美過程，按〈空軍軍官學校選派赴美訓練學生經過〉，第一批赴美學生（均為空軍官校十二期）計50名，由時任空軍官校轟炸組組長曾慶瀾為領隊、時任空軍官校政治部教官周樹模為副領隊、譯員趙豫章。於1941年9月，分三個梯次，從昆明

搭乘飛機至香港。[3] 於香港接受美國軍醫體檢之後，搭乘輪船到菲律賓停留約一星期，再搭輪船至夏威夷。最後從夏威夷至美國舊金山登陸。空軍官校第十二期、十三期、十四期學生共一百四十餘人赴美國亞利桑那州鹿克機場（Luke Field）和威廉斯機場（Williams Field）接受美國陸軍航空隊的飛行訓練。於 1943 年 3 月 10 日，在美國舉行畢業典禮。[4] 這是中國歷史上空軍學生集體出國受訓之第一次記錄。自 1941 年 11 月起至 1945 年太平洋戰爭結束前，一共有八批留美學生，在美完成訓練後返回中國投入戰場。[5]

　　美式航空教育影響中國航空教育機關的整合與確立。抗戰前中央航空學校的教育方針，在裴偉德（John H. Jouett）為首的美籍顧問團影響下，中央航空學校的教育程序採取入伍一年、初中級訓練 8 個月、高級訓練 4 個月、專科訓練 6 個月、編隊訓練 6 個月的程序進行。並落實分科教育、訂定淘汰考核機制等教育方針，近代中國空軍教育系統，實受美式航空教育之影響。美式航空教育亦促使近代中國航空教育體制的現代化。在抗戰期間，中國的航空教育因為軍事的需求，在

---

[3] 第一梯學生20名由曾慶瀾率領，於9月11日下午二時飛香港；第二梯學生13名由周樹模率領，於9月12日下午四時飛香港；第三梯學生16名由趙豫章率領於9月15日飛香港。「空軍軍官學校選派赴美訓練學生經過」（1941年11月3日），〈空軍員生赴美訓練飛行案〉，《國防部史政編譯局檔案》，國家發展委員會檔案管理局藏，檔號：B5018230601/0030/410.11/3010.2。

[4] 劉毅夫，〈悼念空軍英雄董明德〉，《傳記文學》，33：4（臺北，1978年），頁17-18。

[5] 厚非，〈留美空軍談往事〉，《中國的空軍》，5：2（成都，1944年），頁18。

抗戰期間有了顯著的進步，其體制也出現根本的轉變，影響往後的發展型態。建立近代航空醫學的研究、美式空中編隊的作戰模式。空軍官校美式航空教育的主流化。赴美受美式航空教育訓練的空軍官校學生，返國後加入中美空軍混合團（Chinese-American Composite Wing, CACW），使得中國航空知識在戰爭時期有所提升，對近代中國航空教育產生了關鍵的影響。直到太平洋戰爭結束，中美空軍混合團的影響力仍持續著。1949 年後，中華民國在臺灣建立基地，此時中美空軍混合團的訓練開始發揮作用。因為以往在該團服務過的許多人員，隨著戰爭結束，這些赴美受訓的空軍官校學生，多成為空軍的重要幹部，對臺灣空軍發展的影響廣泛且深遠。[6]

　　論究中國航空教育的演進，可以做為審視中國現代化過程的具體觀察點。許多研究者皆認同戰爭造就近代國家的興起，軍事現代化帶領其他領域現代化，[7]戰時中國對於航空教育的投入，也可為此印證。本書對太平洋戰爭期間中美航空教育的合作，進行了一部分的梳理，仍有許多尚未討論之處，值得繼續深入研究探析。

---

[6]　例如中美空軍混合團徐煥昇（1906-1984）、司徒福（1916-1992）、郭汝霖（1920-2009）均曾任空軍總司令；赴美受訓學員生多成為臺灣空軍重要幹部陞任空軍將領，例如：賴名湯（1911-1984）、夏功權（1919-2008）、衣復恩（1916-2005）、都凱牧（1922-2021）、汪夢泉（1919-2012）、關振民（1919-）、黃翔春（1919-2016）。

[7]　楊維真，〈戰爭與國家塑造──以戰時中國（1931-1945）為中心的探討〉，《漢學研究通訊》，28：2（臺北：2009年），頁6。

附録

〈中央航空軍官學校教育綱領〉

第一條　本綱領依照中央航空軍官學校條例第四條之規定訂定之。

第二條　中央航空軍官學校教育之目的在授與學生以軍事航空必要之學術。

第三條　中央航空軍官學校教育分普通科專科兩期。普通科以學科為主，專科以實習為主，其各科教授課目照下表實施之。

　　　　一　普通科教授科目

　　　　　　飛行學　發動機學　飛機機架學　照相學　無線電學　航空歷史　氣象學　數學　理化學　航空條約法規　衛生學　外國文　工廠實習　政治訓練　普通軍事學　軍事訓練

　　　　二　專科教授課目

　　　　（一）駕駛科

　　　　　　　飛行學　航空戰術　航空儀器　氣象學　無線電學　航行學　空中偵察　空中轟炸　空中射擊　空中通信　空中照相　航空兵器　工廠實習　外國文　政治訓練　軍事訓練

　　　　（二）觀察科

　　　　　　　航行學　天文學　氣象學　空中觀測　空中偵察空中通信空中通信實施　空中照相空中照相

　　　　　　實施無線電學無線電實施　空中射擊空中射擊
　　　　　　實施　空中轟炸空中轟炸實施　航空戰術　航
　　　　　　空兵器　測圖學測圖實施　製圖學　飛行實施
　　　　　　工廠實施外國文　政治訓練　軍事訓練
　　（三）機械科
　　　　　　發動機學　飛機機架學　飛機材料學　航空儀
　　　　　　器發電機原理　化合機原理　機架構造原理
　　　　　　發動機製造原理　航空兵器　飛機設計學　空
　　　　　　氣動力學　風洞學　製圖學　理化學　數學
　　　　　　飛機檢查法　飛機保存法　飛機製造實施　工
　　　　　　廠實施　外國文　政治訓練　軍事訓練
第四條　中央航空軍官學校學術科目時間之分配由校長、教育長
　　　　及本科教官協同規定之。
第五條　中央航空軍官學校考試分學期考試、分科考試及畢業考
　　　　試，其考試分數均以二十分為滿分。
第六條　中央航空軍官學校飛行畢業考試，由本科教官認為學生
　　　　有畢業能力時，得隨時報告教育長請校長核轉航空署派
　　　　員監視，分期行之觀察科飛行術以能單獨為合格，其各
　　　　科學科畢業考試則同時行之。
第七條　中央航空軍官學校教授關於各項教育細則，悉由教育長
　　　　遵照本綱領擬定經校長轉呈核准施行。
第八條　教育上認為必要時，得由校長呈請參觀各項機關以資
　　　　見習。
第九條　本綱領自公布日施行。

赴美人員名單

| 資料來源 |
作者整理自盧維明先生提供資料、中華飛虎研究學會〈空軍官校抗戰期間各批次留美學員名冊資料〉，網址：https://flyingtiger-cacw.com/detail2.php?L=0&MID=9&SUB1ID=72&SUB2ID=3（2023年8月30日點閱）；〈空軍員生赴美訓練飛行案〉，《國防部史政編譯局檔案》，國家發展委員會檔案管理局藏，檔號：B5018230601/0030/410.11/3010.2；〈留美學員受訓報告〉，《國防部史政編譯局檔案》，國家發展委員會檔案管理局藏，檔號：B5018230601/0031/410.11/7760。

第一批赴美人員名單							
期別	姓名	期別	姓名	期別	姓名	期別	姓名
12	陳地塔	12	張大飛	12	黃繼志	12	孫明遠
12	陶友愧	12	周天民	12	黃　晉	12	張金輅
12	曲士傑	12	李鴻齡	12	毛友桂	12	李　勛
12	陳興耀	12	沈昌德	12	魏祖聖	12	唐崇傑
12	蘇英海	12	史美泉	12	陳炳靖	12	王秉琳
12	喬恒昶	12	周勵松	12	丁敦炯	12	冷培樹
12	趙松巖	12	汪永昌	12	莫仲榮	12	曾子澄
12	梁建中	12	張亞崗	12	周兆麟	12	徐　滾
12	楊少華	12	符保盧	12	江漢蔭	12	劉春榮
12	陳衍鑒	12	鐘洪九	12	李其嘉	12	李啓馳
12	張雲祥	12	劉立幹	12	呂雲華	12	毛昭品
12	程敦榮	12	吳　剛	12	王啓元	12	馮德鏞
12	黃幹存	12	黃迅強				
共計 50 員							

期別	姓名	期別	姓名	期別	姓名	期別	姓名
				第二批赴美人員名單			
12	徐作浩	12	林世慶	12	馮獻輝	12	林應龍
12	段克恢	12	凌鼎鈞	12	朱松根	12	邢文卓
12	胡厚祥	12	江夢泉	12	黃震中	12	萬克莊
12	賀哲生	12	陳鴻鈞	12	劉 超	12	劉子中
12	操式鵬	12	李競仲	12	鄧繼華	12	楊應求
12	李志遠	12	湯關振	12	何國端	12	向一學
12	鐘柱石	12	趙森嶺	12	顧乃潤	12	蔣景福
12	黃伯英	12	蕭道敏	12	楊 樞	12	王金篤
12	鄭兆民	12	楊基昊	12	胡曦光	12	王德敏
12	曾天培	12	黃 熙	12	董汝泉	12	史同心
12	凌元康	12	荊好玉	12	張家驊	13	鍾寶泉
13	張明緯	13	劉敏堂	13	唐沛倉	13	徐文書
13	方傑臣	13	李成源				
			共計50員				

備註：第十二期學員，任重遠、許志飛、鄭亮蔭、李霖章、王文洲、陳文軒、劉家騏等七人，並未出國受訓。荊好玉、張家驊 Luke 高級班被淘汰。

期別	姓名	期別	姓名	期別	姓名	期別	姓名
			第三批赴美人員名單				
12	廖譚清	12	凌紹榮	12	鄧仲卿	12	趙聖題
12	張昌國	12	張義聲	13	周欽德	13	王繩元
13	王性悟	13	陳 約	13	李慶富	13	李 欽
13	汪正中	13	吳捷松	13	周石麟	13	鞠貫欽
13	邵克武	13	林雨水	13	林天彰	13	易瑩貞
13	胡欽渭	13	徐天齊	13	高錦綱	13	夏榮慶
13	袁鳳麟	13	劉紹堯	13	剛葆璞	13	荀義德
13	陳端紘	13	陳 嘉	13	謝派芬	13	黃雄盛
13	黃翔春	13	黃義正	13	張天民	13	曹光桂
13	陸 誠	13	彭傳樑	13	彭成幹	13	溫凱奇
13	楊訓偉	13	楊新國	13	楊鼎珍	13	楊克明
13	蔡得中	13	夏孫澐	13	虞 為	13	劉博文
13	劉萬才	13	劉祖怡	13	劉業祖	13	劉翔龍
13	劉慕虞	13	韓丕杰	13	趙子清	13	葉和春
13	鄭定澄	13	潘文炎	13	鄧力軍	13	盧盛景
13	鍾 道	13	黃良能	13	楊昌法	13	劉靜淵
13	沈允能	13	班潤寶	13	張恩波	13	曾志正
13	里 烈	13	林又殊	13	高 銳	13	歐陽倬
13	莊續曾	14	于慶年	14	李湘輔	14	謝桂開
14	白文生	14	劉益祿	14	吳文備	14	雷光照
14	潘榮朋	14	李敏修	14	楊煥光	14	張世振
14	趙秉華	14	左宗惠	14	伍卓馴	14	袁思奇
14	吳秉仁	14	王松金	14	王璞真	14	藍雪昌
14	田景詳	14	馮紹齡	14	孔德崙	14	廖 維
14	李豫民	14	朱朝富	14	關振民	14	邱樹荊
14	吳國樑	14	吳文謨	14	林汝澄	14	林濟民
14	黃宣漳	14	高本榮	14	高 恒	14	梁嘉楠

第三批赴美人員名單							
14	夏功權	14	張永彰	14	沈世良	14	張建功
14	黃勝餘	14	趙以燊	14	黃松三	14	黃正昌
14	劉鴻業	14	陳漢儒	14	陳本濂	14	俞時驤
14	郭汝霖	14	董裴成	14	譚毓樞	14	徐思義
14	丁毅嚴	14	楊崇和	14	劉國棟	14	劉德敏
14	劉秀生	14	劉介民	14	楊國光	14	童鍾鄂
14	鄭　俊	14	錢　銘	14	戴金堯	14	戴自瑾
14	衛　煌	14	韓安豐	14	韓　翔	14	羅瑾瑜
14	魏成德	14	蕭振崑	14	閻迺斌	14	閻儒香
14	楊貫中	14	陳柳庭	14	趙上洽		
共計 147 員							
備註：第三批赴美十四期學員，劉鴻業、童鍾鄂、沈世良、楊國光、馮紹齡、廖維、伍卓馴等人在美改為「航炸班」。吳秉仁於赴美高級班失事殉學，共計十五人不在飛行科畢業。							

第四批赴美人員名單							
期別	姓名	期別	姓名	期別	姓名	期別	姓名
14	蕭連民	14	李宗唐	14	倪桂元	14	曹崇勤
14	王延周	14	吳積淇	14	葉振聲	14	胡文燊
14	任歌樵	14	吳振鐸	14	葛希韶	14	施之薄
14	李昌森	14	林有源	14	孫明章	14	曾力群
14	鄭士魁	14	楊士鈞	15	王賜九	15	羅選照
15	葉拯民	15	羅必正	15	趙立品	15	王仁楚
15	王國安	15	周啓達	15	王瑞琪	15	伍耀偉
15	谷　博	15	周　亮	15	陳石琴	15	陳國英
15	郝漢卿	15	張廣靄	15	張遠仁	15	金行珠
15	趙周堃	15	席廷鐸	15	胡克旺	15	黃熾昌
15	黃　向	15	黃　芸	15	黃潤和	15	李鳳元
15	劉敬民	15	唐首先	15	陶履中	15	王菊雲
15	王駿驤	15	吳邦本	15	吳德儒	15	陳繼舜
共計 52 員							

第五批赴美人員名單							
期別	姓名	期別	姓名	期別	姓名	期別	姓名
15	張啓隆	15	張廣錄	15	張長慶	15	程定溥
15	鄭永焜	15	陳章相	15	張恩福	15	周訓典
15	陳海泉	15	張松青	15	蔣　彤	15	崔明川
15	褚岱夫	15	傅保民	15	范國光	15	馮穆滔
15	黃庭簡	15	黃導民	15	何祖璜	15	韓之靜
15	徐銀桂	15	韓采生	15	胡志昌	15	殷延珊
15	任耀華	15	郭統德	15	邱光石	15	關砥實
15	郭幹卿	15	李程韌	15	李嘉禾	15	呂　光
15	李啓熾	15	劉平中	15	廖傳光	15	Lee, Shen
15	Lei, chia-Shun	15	劉一愛	15	Li, Tsin-Min	15	柳玉林
15	劉海空	15	林猷超	15	Mong, Chao-San	15	Lu, Yuan-Ching
15	劉德懷	15	劉樹中	15	盧茂吟	15	馬　豫
15	甯世榮	15	步豐鯤	15	孫致和	15	夏日昇
15	尚天慶	15	邵國傑	15	沈國健	15	熊述乾
15	宋　昊	15	戴榮鉅	15	鄭明旭	15	都光輝
15	都凱牧	15	杜乃立	15	董世良	15	段有理
15	萬觀恆	15	王德玉	15	王永秀	15	王恩新
15	王化普	15	Wang, Chih-Lin	15	王應明	15	吳寶義
15	楊　秀	15	楊治國	15	楊陞階	15	楊從田
15	楊鎮海	15	閻寶森	15	閻汝聰	15	俞育才
15	趙光磊	15	金玉如				
共計 86 員							

第六批赴美人員名單							
期別	姓名	期別	姓名	期別	姓名	期別	姓名
15	張朝斌	15	張乃超	15	張玉版	15	Chang, Wen-Tsin
15	張　元	15	張永和	15	趙光翟	15	陳　置
15	陳華薰	15	陳仰山	15	錢伯蓀	15	江如茂
15	蔣貽曾	15	解鴻奇	15	周明瑪	15	朱　傑
15	朱申禮	15	鍾達如	15	方振中	15	馮受嚴
15	許志儉	15	許鴻義	15	胡業祥	15	黃文燾
15	何培茂	15	賀則堯	15	甘耀宗	15	賈乃康
15	簡國彥	15	酈榮昌	15	李經倫	15	李明哲
15	李世澄	15	李祖峰	15	梁運生	15	廖振鵬
15	劉嘉明	15	劉錫濤	15	劉新民	15	陸乾原
15	盧逖生	15	馬宗駿	15	倪文輝	15	潘超文
15	彭嘉衡	15	盛　世	15	宋幻生	15	譚振飛
15	曾昭羽	15	曾錦芳	15	王興原	15	王濟甫
15	王精華	15	王　文	15	聞懷良	15	溫乙煊
15	汪芳典	15	吳　堅	15	伍壁明	15	武永維
15	楊文鵬	15	Yeh, Chao-Kwang	15	余佐英	15	俞揚和
共計 64 員							

第七批赴美人員名單							
期別	姓名	期別	姓名	期別	姓名	期別	姓名
16	陳業波	16	姜福盛	16	楊家樑	16	蘇　驤
16	Loc. Jack-Man	16	Chu, Chiu-Le	16	曹忠田	16	劉世煌
16	凌和發	16	施兆瑜	16	楊寶慶	16	李繼賢
16	張慶顯	16	葉成林	16	李修能	16	崔文波
16	張時習	16	楊力耕	16	蔡濟民	16	梁德廣
16	戚榮春	16	趙連景	16	須澄宇	16	格商曲批
16	Juan, Chi-Shu	16	朱德隆	16	陳果軍	16	李文俊
16	何永道	16	Ho, William	16	李用仁	16	梁英武
16	鄭文達	16	陳冠群	16	劉漢城	16	馬啓勛
16	白致祥	16	牛榮貴	16	王福生	16	Ma, Kou-Mou
16	童鳳笙	16	吳志卿	16	盛鐵肩	16	Kuo, Chih-Ming
16	呂敦學	16	Chang, Tsun-Chieh	16	俞景渭	16	王超群
16	馬士偉	16	李武庚	16	陸學悖	16	方金鴻
16	黎民新	16	歐陽明	16	Chang, Yung	16	姚兆華
16	Yeh, Hwa-Kun	16	呂不欲	16	陳杭容	16	周世佐
16	李　師	16	李益昌	16	林良知	16	竺培風
共計 84 員							

第八批赴美人員名單							
期別	姓名	期別	姓名	期別	姓名	期別	姓名
16	潘作樑	16	廖智伸	16	趙世燦	16	梅仁先
16	曹廷芳	16	王小年	16	戴瀚光	16	王權才
16	王德輝	16	張以德	16	董之江	16	謝峻崧
16	李應麟	16	宋嶽雲	16	韋哲權	16	張孝直
16	李學府	16	李澤民	16	李叔元	16	郁文蔚
16	宋大受	16	范紹昌	16	Lee, Chang-Chu	16	鄭吉超
16	胡傳廣	16	Wu, Chu-Chun	16	唐稼農	16	劉全玉
16	楊寶熙	16	Liu, Chaig-Ming	16	Yuan, Kwong	16	Au, Jack-Kai
16	鄧錫材	16	翁顯樑	16	王彼得	16	霍紹剛
16	陳學士	16	Cheng, Yung-Seng	16	蔡國鈞	16	畢思文
16	Ching, Han-Wing	16	惠湛源	16	吳君麟	16	龍恩初
16	沈兆南	16	羅孝師	16	Yo, Cheh-Au	16	Lang, Wei-Tien
16	熊　沖	16	Ko, Yun-Seng	16	Teng, Chuan-Ming	16	Wang, Fei-Jan
16	王耀祖	16	楊錫璋	16	蔣周鏺	16	孟漢民
16	鄭得功	16	陳　甦	16	LU, King-Fun	16	孫以晨
16	周耀庭	16	鄒國靖	16	饒　健	16	Hu, Hsio
16	徐變坤	16	林世元	16	吳鵬飛	16	林英浩

16	孫正己	16	王志孝	16	Ko, Chung-Hsiang	16	Fong, Tung
16	沈瑞麟	16	Sung, Chi-Hsiang	16	翁福生	16	許銘鼎
16	Ko, Kuan-Wei	16	謝廷生	16	Lee, Ta-Kong	16	趙印可
16	劉雯薈	16	Chiang, Tsui-Lou	16	龔禎祥	16	Lee, Pei-Cheng
16	張孝忠	16	黃國祥	16	蕭培榮		
共計 87 員							

徵引書目

一、檔案

1. 《國民政府檔案》（臺北，國史館藏）
   入藏登錄號：001000005490A，〈空軍改革與建議〉。
2. 《蔣中正總統文物》（臺北，國史館藏）
   入藏登錄號：002000000361A，〈革命文獻──抗戰方略：整軍〉。
   入藏登錄號：002000001087A，〈空軍編訓（一）〉。
   入藏登錄號：002000001088A，〈空軍編訓（二）〉。
   入藏登錄號：002000001089A，〈空軍編訓（三）〉。
   入藏登錄號：002000001511A，〈一般資料──民國二十二年（五十二）〉。
   入藏登錄號：002000001850A，〈一般資料──呈表彙集（三十四）〉。
3. 《國防部史政編譯局檔案》（臺北，國家發展委員會檔案管理局藏）
   B5018230601/0023/570.2/9942，〈勞地顧問上空軍意見書〉。
   B5018230601/0024/003.8/3010.3，〈空軍幹部會議案（二十五年）〉。
   B5018230601/0024/003.8/3010.3，〈空軍幹部會議案（二十五年）〉。
   0024/400.2/5810，〈整理航空教育意見案〉。
   B5018230601/0025/104/2041，〈航委會各屬年度工作比較表（二十五年）〉。
   B5018230601/0025/570.33/2620，〈粵省空軍歸順中央案〉。
   B5018230601/0026/060.25/2041.2，〈航空委員會工作計劃案（二十六年）〉。
   B5018230601/0026/109.3/2041.2，〈航委會業務概況報告〉。
   B5018230601/0026/410/7421，〈陸海空軍留學條例〉。
   B5018230601/0027/109.3/2041.5，〈航空委員會工作報告（二十七年）〉。
   B5018230601/0027/582.4/3010.8，〈空軍各學校組織職掌編制案〉。
   B5018230601/0028/060.25/2041.2，〈航空委員會工作計劃案（二十八年）〉。

B5018230601/0028/1700.03/2040，〈委座令訓練飛行員〉。

B5018230601/0028/400.1/3010，〈空軍教育訓練建議案彙輯〉。

B5018230601/0029/060.25/2041.2，〈航空委員會工作計劃案（二十九年）〉。

B5018230601/0030/060.25/2041.2，〈航空委員會工作計劃案（三十年）〉。

B5018230601/0030/144.2/4424，〈蔣委員長對赴美受訓學生訓詞〉。

B5018230601/0030/410.11/3010，〈空軍軍官留美案（三十一－三十五年）〉。

B5018230601/0030/410.11/3010.2，〈空軍員生赴美訓練飛行案〉。

B5018230601/0030/570.33/1241，〈飛機補充計劃（三十二年）〉。

B5018230601/0031/410.11/7760，〈留美學員受訓報告〉。

B5018230601/0032/003.7/5000.2，〈中美空軍官員會談集（史特梅耶備忘錄）〉。

B5018230601/0032/003.7/5000.2，〈中美空軍官員會談集（陳納德談話記錄）〉。

B5018230601/0032/003.7/5000.2，〈中美空軍官員會談集（麥康納耶備忘錄）〉。

B5018230601/0032/422/7760，〈留美飛行人員訓練計劃〉。

B5018230601/0033/003.8/3010.3，〈空軍幹部會議案（三十三年）〉。

B5018230601/0033/400.7/3010，〈空軍教育會議案〉。

B5018230601/0033/544.2/5001，〈抗日戰爭戰果統計案（空軍）〉。

B5018230601/0033/585/5000，〈中美空軍混合團司令部編制案〉。

B5018230601/0035/060.25/2041.2，〈航空委員會工作計劃案（三十五年）〉。

B5018230601/0035/152.2/3010.2，〈空軍抗日戰爭經過〉。

4. 《外交部檔案》（臺北，國家發展委員會檔案管理局藏）

A303000000B/0026/412.4/0042，〈蔣中正委員長與美國羅斯福總統來往文件〉。

A303000000B/0029/423.2/0041，〈航空委員會向美購械；航委會向美訂購軟鋁皮〉。

A303000000B/0030/324.1/0002，〈中國空軍赴英、美考察及訓練〉。

0033/412/0031，〈主席與納爾遜談話紀錄；中美關係〉。

A303000000B/0036/411.2/0003，〈七七事變後至太平洋戰爭前美國對華外交政策之演變〉。

5. Army Air Force Flying Training Command, (Alabama, Maxwell Air Force Base) Chinese Training.

6. U.S. Department of State. *Foreign Relations of the United States Diplomatic papers*, Department of State. Washington: U.S. Government Printing Office. *Diplomatic papers, 1941. The Far East, Volume V. Diplomatic papers, 1943. China.*

二、史料彙編、日記

1. 秦孝儀主編，《中華民國重要史料初編──對日抗戰時期》，第三編：戰時外交（一），臺北：中國國民黨中央委員會黨史委員會，1981年。

2. 《蔣中正總統檔案：事略稿本》，第44冊（民國二十九年七月至十一月），臺北：國史館，2011年。

3. 《蔣中正總統檔案：事略稿本》，第46冊（民國三十年四月至八月），臺北：國史館，2011年。

4. 何思瞇編，《抗戰時期美國援華史料》，臺北：國史館，1994年。

5. 呂芳上主編，《蔣中正先生年譜長編》，第六冊（民國二十八年至民國三十年），臺北：國史館、中正紀念堂、中正文教基金會，2014年。

6. 呂芳上主編，《蔣中正先生年譜長編》，第七冊（民國三十一年至民國三十三年），臺北：國史館、中正紀念堂、中正文教基金會，2014年。

7. 呂芳上主編，《蔣中正先生年譜長編》，第八冊（民國三十四年至民國三十六年），臺北：國史館、中正紀念堂、中正文教基金會，2014年。

8. 國父全集編輯委員會，《國父全集》，第一冊，臺北：近代中國出版社，1989年。

9. 國父全集編輯委員會，《國父全集》，第二冊，臺北：近代中國出版社，1989年。

10. 國父全集編輯委員會，《國父全集》，第三冊，臺北：近代中國出版社，1989年。

11.國父全集編輯委員會，《國父全集》，第四冊，臺北：近代中國出版社，1989年。
12.國父全集編輯委員會，《國父全集》，第五冊，臺北：近代中國出版社，1989年。
13.瞿紹華編，《中華民國交通史料（三）：航空史料》，臺北：國史館，1991年。

三、報紙、公報

1. 《大公晚報》，重慶，1944年。
2. 《大公報》，香港，1940年－1945年。
3. 《中央日報》，重慶，1945年。
4. 《國民政府公報》，1941年－1946年。
5. *LIFE*, New York City, 1942.

四、專書

1. 史景遷（Jonathan D. Spence）著，溫洽溢譯，《改變中國》，臺北：時報文化，2015年。（原書名：*To Change China: Western Advisers in China, 1620-1960*）
2. 米契爾（Willam Billy Mitchell）著，唐恭權譯，《空防論：現代空權的發展與遠景》，新北市：八旗文化，2018年。（原書名：*Winged Defense: The Development and Possibilities of Modern Art Power Economic and Military*）
3. 陳納德（Claire Lee Chennault）著，陳香梅譯《陳納德將軍與中國》，臺北：傳記文學出版社，1978年。（原書名：*Way of a Fighter: The Memoirs of Claire Lee Chennault*）
4. 饒世和（M. Rosholt）著，戈叔亞譯，《飛翔在中國的上空──1910-1950年中國航空史話》，瀋陽：遼寧教育出版社，2005年。（原書名：*Chinese Fairy Tales*）
5. 朱里奧・杜黑（Giulio Douhet）著，《制空權》，北京，中國人民解放軍出版社，2004年。（原書名：*The Command of The Air*）

6. 中華民國國民政府航空委員會編，《空軍沿革史初稿》。重慶：航空委員會，1940年。
7. 王正華，《抗戰時期外國對華軍事援助》。臺北：環球書局，1987年。
8. 王立楨，《回首來時路：陳燊齡將軍一生戎馬回顧》。臺北：上優文化出版，2009年。
9. 王建朗，《抗戰初期的遠東國際關係》。臺北：東大圖書公司，1996年。
10.衣復恩，《我的回憶》。臺北：立青文教基金會，2000年。
11.何應欽，《八年抗戰》。臺北：國防部史政編譯局，1982年。
12.何應欽，《何上將抗戰期間軍事報告》。上海：上海書店，1990年。
13.吳湘湘，《第二次中日戰史》。臺北：綜合月刊社，1974年。
14.李君山，《全面抗戰前的中日關係（1931－1936）》。臺北：文津出版社，2010年。
15.沈慶林，《中國抗戰時期的國際援助》。上海：上海人民出版社，2000年。
16.卓文義，《空軍軍官學校沿革史》。高雄：空軍軍官學校，1989年。
17.卓文義，《艱苦建國時期的國防建設》。臺北：臺灣育英社文化事業有限公司，1984年。
18.空軍總司令部情報署編，《空軍抗日戰史》。出版地不詳，空軍總司令部情報署，1950年。
19.空軍總司令部編，《空軍抗日戰史紀要初稿》。出版地不詳，空軍總司令部，1950年。
20.姜長英著，文良彥、劉文孝補校，《中國航空史》。臺北：中國之翼，1993年。
21.美國國務院編，《美國與中國之關係：特別著重一九四四年至一九四九年之一時期》。臺北：文海出版社有限公司，1982年。
22.胡光麃，《中國現代化的歷程》。臺北：傳記文學出版社，1981年。
23.夏國富、趙光華等編，《世界航空航天之最》。北京：華夏出版社，1993年。
24.徐華江、翟永華著，《天馬蹄痕：我的戰鬥日記》。臺北：高手專業出版社，2010年。
25.祖凌雲，《凌雲御風：一位空軍飛行員的生涯》。臺北：麥田出版社，

1998年。

26.馬毓福，《1908~1949年中國軍事航空》。北京：航空工業出版社，1944年。

27.國史館，《中國抗日戰爭史新編：軍事作戰》。臺北，國史館，2015年。

28.國防部，《蘇俄在華軍事顧問回憶》。臺北：國防部情報局，1978年。

29.國防部史政編譯局，《中美軍事合作抗日紀要》。臺北：國防部史政編譯局，1985年。

30.國防部史政編譯局編，《國民革命建軍史——第二部：安內與攘外（一）》。臺北：國防部史政編譯局，1993年。

31.國防部史政編譯局編，《國民革命建軍史——第二部：安內與攘外（二）》。臺北：國防部史政編譯局，1993年。

32.國防部史政編譯局編，《國民革命建軍史——第三部：八年抗戰與戡亂（一）》。臺北：國防部史政編譯局，1993年。

33.國防部史政編譯局編，《國民革命建軍史——第三部：八年抗戰與戡亂（二）》。臺北：國防部史政編譯局，1993年。

34.國防部史政編譯局譯，《中美空軍混合團英勇戰鬥紀實》。臺北：國防部史政編譯局，1983年。

35.國防部史政編譯室編，《飛虎薪傳：中美混合團口述歷史》。臺北：國防部史政編譯室，2009年。

36.張朋園、沈懷玉編，《國民政府職官年表》。臺北：中央研究院近代史研究所，1987年。

37.張貴永，《詹森與中美關係》。臺北：臺灣商務印書館，1973年。

38.張興民，《從復員救濟到內戰軍需——戰後中國變局下的民運航空隊（1946-1949）》。臺北：國史館，2013年。

39.許希麟、劉文孝，《劉粹剛傳》。臺北：中國之翼出版社，1993年。

40.郭廷以，《中華民國史事日誌——第四冊（民國二十七至民國三十八年）》。臺北：中央研究院近代史研究所，1985年。

41.郭冠麟等訪問，《飛虎薪傳：中美空軍混合團口述歷史》。臺北：國防部史政編譯室，2009。

42.郭榮趙，《從珍珠港到雅爾達：中美戰時合作之悲劇》。臺北：中國研究中心出版社，1979年。

43.陶文釗，《中美關係史（1911-1950）》。重慶：重慶出版社，1993年。

44.陸軍軍官學校校史編纂委員會編，《陸軍軍官學校校史》（第二冊）。高雄：陸軍軍官學校校史編纂委員會，1969年。

45.華強、奚紀榮、孟慶龍，《中國空軍百年史》。上海：上海人民出版社，2006年。

46.馮自由，《革命逸史（三）》。上海：商務印書館，1946年。

47.黃慶秋，《德國駐華軍事顧問團工作紀要》。臺北：國防部史政編譯局，1969年。

48.翟永華，《中國飛虎：鮮為人知的中美空軍混合聯隊》。香港：四季出版公司，2015年。

49.齊邦媛，《巨流河》。臺北：天下遠見出版股份有限公司，2009年。

50.齊錫生，《從舞臺邊緣走向中央：美國在中國抗戰初期外交視野中的轉變（1937-1941）》。臺北：聯經出版事業股份有限公司，2017年。

51.齊錫生，《劍拔弩張的盟友：太平洋戰爭期間的中美軍事合作關係，1941-1945》。臺北：聯經出版事業股份有限公司，2011年。

52.劉紹唐，《民國大事日誌》。臺北：傳記文學出版社，1973年。

53.劉鳳翰，《國民黨軍事制度史》。臺北：中國大百科全書出版社，2010年。

54.劉鳳翰、張聰明訪問，張聰明、曾金蘭記錄整理，《夏功權先生訪談錄》。臺北：國史館，1995年。

55.蔣中正講述，《國民與航空》。南京：拔提書店，1935年。

56.賴名湯口述；賴暋訪錄，《賴名湯先生訪談錄》，上冊。臺北：國史館，1994年。

57.錢昌祚，《浮生百記》。臺北：傳記文學出版社，1975年。

58.名和田雄、高瀨七郎，《陸軍航空兵器の開發・生產・補給》，收入《せんしそうしょ（87）》。東京：あさぐも，1975年。

59.杉本清士、三浦正治，《中國方面陸軍航空作戰》，收入《せんしそうしょ（74）》。東京：あさぐも，1972年。

60.松田正雄，《陸軍航空の軍備と運用（1）昭和十三年初期まで》，收入《せんしそうしょ（52）》。東京：あさぐも，1971年。

61.松田正雄、生田惇，《陸軍航空の軍備と運用（2）昭和十七年前記ま

で》，收入《せんしそうしょ（78）》。東京：あさぐも，1974年。

62.松田正雄、生田惇，《陸軍航空の軍備と運用（3）終戦まで》，收入《せんしそうしょ（94）》。東京：あさぐも，1976年。

63.Akira Iriye& Warren Cohen eds. *American, Chinese and Japanese Perspectives on Wartime Asia, 1931-49 Wilmington*, Del. Scholarly Resources Inc. Books, 1990.

64.Daniel Ford, *Flying Tigers: Claire Chennault and His American Volunteers, 1941-1942*. Australia: Warbird Books, 2016.

65.Jerome Cavanaugh, *Who's who in China (1919)*. Hong Kong: Chinese Materials Center, 1982.

66.Michael H. Hunt. *The Making of a Special Relationship, The United States and China to 1914*. New York: Columbia University Press, 1983.

67.Office of the Chief of Military History, Department of the Army. *Stilwell's Mission to China*. Washington D. C.: Office of the Chief of Military History, Department of the Army, 1953.

68.Tsou, Tang, *American Failure in China*. Chicago: Chicago University, 1963.

69.Warren I. Cohen ed. *The Cambridge history of American foreign Relations* (Cambridge; New York: Cambridge University Press, 1993). v.1. The Creation of a Republican Empire, 1776 1865 (by Bradford Perkins); v.2. The American Search for Opportunity, 1865-1913 (by Walter LaFeber); v.3. The Globalizing of America, 1913-1945 (by Akira Iriye); v.4. America in the age of Soviet power, 1945-1991 (by Warren I. Cohen).

70.Xu, Guangqiu. *War Wings: The United States and Chinese Military Aviation, 1929-1949*. Westport, Conn: Greenwood Press, 2001.

五、論文

1. 期刊論文、專書論文
　(1) 日立，〈空軍軍官學校小史〉，《航空建設》，第3卷第1期（1948年6月）。
　(2) 王子仁、胡昌壽、徐鑫福，〈四十年代中後期兩支赴美學習名單〉，《航空史研究》，第3卷（2000年）。

(3) 司徒福，〈血灑長空的八年〉，收入丘秀芷主編，《抗戰文選》。臺北：行政院新聞局，1996年。

(4) 白化文，〈抗戰時期中日空軍作戰情況憶述〉，《鍾山風雨》，第2卷（2007年）。

(5) 仲興，〈美國卡新斯少將對我留美航空生畢業致詞〉，《航空雜誌》，第11卷第5期（1942年）。

(6) 江東，〈汪柱臣先生訪談錄〉，《航空史研究》，第43期（1994年）。

(7) 池崎忠孝，〈米國空軍の威脅〉，《太平洋戰略論》。東京：先進社，1933年。

(8) 吳餘德，〈戰前中國空軍人員的教育與訓練〉，《軍事史評論》，第6期（1999年）。

(9) 呂芳上，〈史丹佛大學「胡佛研究所」及其典藏的民國史料〉，《近代中國史研究通訊》，第11期（1991年）。

(10) 李孔智，〈志在沖天：孫中山勇往直前的「航空救國」精神〉，《國立國父紀念館館刊》，第51期（2018年）。

(11) 李君山，〈抗戰前軍用教範的初步考察（1931-1937）〉，《中華軍史學會會刊》，第11期（2006年）。

(12) 李君山，〈政府遷臺前期防空體系之建構（1949-1966）—以防空通信為中心的考察〉，《檔案季刊》，第9卷第2期（2010年）。

(13) 李繼唐，〈冰天雪地學飛行—憶抗戰空軍伊寧教導總隊（上）〉，《中國的空軍》，第563期（1986年12月）。

(14) 李繼賢，〈留美空軍受訓生活〉，《通訊半月刊》，第2卷第1期（1946年2月）。

(15) 杜久，〈今日之義大利空軍〉，《軍事雜誌》，第131期（1941年）。

(16) 杜久，〈義大利空軍組織概觀〉，《空軍》，第213期（1937年）。

(17) 阮步蟾，〈美國之航空醫學校〉，《空軍》，第64期（1934年）。

(18) 卓文義，〈孫中山先生的「航空救國」建設〉，《近代中國》，第15期（1980年）。

(19) 周乾，〈論1941年美國總統特使居里訪華的起因和由來〉，《抗日戰

爭研究》，第1期（2006年3月）。

(20) 林月春，〈空軍官校的創建與抗戰時期之發展〉，《軍事史評論》，第22期（2015年6月）。

(21) 林志龍，〈孫中山航空救國的理念與行動〉，《國立國父紀念館館刊》，第51期（2018年）。

(22) 厚非，〈留美空軍談往事〉，《中國的空軍》，第5卷第2期（1944年）。

(23) 涂長望，〈空軍在現在戰爭之地位〉，《史地雜誌》，第2卷第2期（1942年）。

(24) 國外新聞，〈義大利空軍擴充計畫〉，《航空雜誌》，第1卷第2期（1929年）。

(25) 捷夫，〈空軍在現代戰爭中居於何種地位〉，《航空建設》，第2卷第2期（1945年）。

(26) 許志成，〈赴美國學習的回憶—記第三批中轟炸機空勤機械士〉，《航空史研究》，第4期（1995年）。

(27) 陳存恭，〈中國航空的發軔（民前六年至民國十七年）〉，《中央研究院近代史研究所集刊》，第7期（1978年）。

(28) 陳容甫，〈記中國空軍軍官的培育〉，收入《航空生活》。南京：中國的空軍出版社，1946年。

(29) 陶魯書，〈義大利空軍近況〉，《革命空軍》，第2卷第5期（1935年）。

(30) 傅寶真，〈在華德國軍事顧問史傳（四）〉，《傳記文學》，第25卷第2期（1974年8月）。

(31) 程葳葳，〈孫中山與航空救國〉，《檔案與建設》，第10期（2016年）。

(32) 舒伯炎譯，〈盲目飛行之訓練方法〉，《空軍》，第148期（1935年）。

(33) 楊維真，〈戰爭與國家塑造—以戰時中國（1931-1945）為中心的探討〉，《漢學研究通訊》，第28卷第2期（2009年）。

(34) 裘偉德（J. H. Jouett），馬思譯，〈我們怎樣建立了中國的空軍〉，收入黃震遐等著述，《中國空軍的新神威》。湖北：戰時出版社，

1938年。

(35) 裴偉德（John H. Jouett），〈我們怎樣建立中國空軍〉，收入孫桐崗
　　等著述，《空中英雄》。湖北：漢口自強出版社，1938年。

(36) 趙榮芳，〈中國第一個飛行員—張惠長〉，《航空史研究》，第1期
　　（1994年）。

(37) 劉毅夫，〈悼念空軍英雄董明德〉，《傳記文學》，第33卷第4期
　　（1978年）。

(38) 蔣星德，〈兩年來的中國空軍〉，《時事月報》，第21卷第4期
　　（1939年）。

(39) 錢昌祚，〈服務航空界的回憶（上）〉，《傳記文學》，第23卷第5
　　期（1973年）。

(40) 儲玉坤，〈一九四一年的美日關係〉，《東方雜誌》，第38卷第1期
　　（1941年）。

(41) 魏良才，〈抗戰期間的中美關係〉，《近代中國》，第60期（1987年
　　8月）。

(42) 蘇啟明，〈抗戰時期的美國對華軍援〉，《近代中國》，第64期
　　（1988年4月）。

2. 論文集論文

(1) 吳相湘，〈中國空軍奮戰保衛祖國〉，收入抗戰勝利五十週年國際研
　　討會論文集編輯組編，《抗戰勝利五十週年國際研討會論文集》。臺
　　北：國史館，1997年。

(2) 吳翎君，〈國民政府時期的中美關係〉，收入南京大學出版社編，
　　《中華民國專題史》。南京：南京大學出版社，2015年。

(3) 華中興，〈抗戰前中央航校的飛行教育1932-1937〉，收入國史館編，
　　《中華民國史專題論文集：第三屆討論會》。臺北：國史館，1996
　　年。

(4) 劉妮玲，〈陳納德與飛虎隊〉，收入國防部史政編譯局編，《抗戰勝
　　利四十周年論文集》，上冊。臺北：國防部史政編譯局，1985年。

(5) 劉維開，〈空軍與抗戰〉，收入國防部史政編譯局編，《抗戰勝利四
　　十周年論文集》。臺北：國防部史政編譯局，1985年。

(6) 劉維開，〈蔣公與中國空軍的建立——民國十七年至民國二十六

年〉，收入國防部史政編譯局編，《先總統蔣公百年誕辰紀念論文集》。臺北：國防部史政編譯局編印，1986年。

3. 學位論文

(1) 安德，〈「正義之劍」：蘇聯空軍志願隊在中國（1937-1941）〉。臺北：國立政 治大學歷史研究所博士論文，2016年。

(2) 吳餘德，〈戰前中國空軍的發展（民國17-26年）〉。臺北：私立中國文化大學歷史研究所碩士論文，1997年。

六、參考網站

1. 中國飛虎研究學會：http://www.flyingtiger－cacw.com/index.htm

2. 〈把歷史找回來——民間與軍方合作入祀2600空軍烈士〉（2022年9月4日），收入「聯合新聞網」：https://udn.com/news/story/10930/6587664（2022年10月30日點閱）。

後記

　　有人將撰寫論文和孕育過程相提並論，可見論文寫作之艱辛；但其甘甜亦在論文新生後的豐實。本書所乘載的溫情，遠遠超過文字本身。感謝家人的支持、師長的愛護以及友情的溫暖，如果沒有他們的諒解與鼓勵，本書的完成將會遙遙無期。

　　本書係改寫自碩士論文，研究發想則源自於筆者對於空軍的熱愛。無垠的天空，總是令人感到壯闊與抒懷，如何養成捍衛天空的行伍，是為本書的研究關懷。大學時期，筆者曾旁聽吳翎君老師的「中美關係史專題」，接觸了有別於過去側重戰爭衝突、對抗與分歧的研究方法。翎君老師帶領我們詳細研讀了入江昭的 *Global and Transnational History: The Past, Present and Future*《全球與跨國史：過去、現在與未來》。入江昭大力提倡國際關係史，拓展傳統的外交史研究視野，討論國家與國家之間的跨國交往。他主張以個人或群體作為調和中美政治與文化關係的信使，藉以探討跨域國境的合作。進入研究所之後，筆者開始思索如何將前述的研究視角，融入自身關懷。某次看到一批關於中美空軍會議紀錄的檔案之後，不禁自忖，雙方是在什麼樣的基礎下進行會晤？隨著進一步查閱檔案之後，逐漸梳理出兩國軍事合作的脈絡，尤其發現，中國自 1941 年起派遣空軍員生赴美訓練的案例，可以從具體微觀的個案來詮釋這段中美合作的歷史旅程，也因此成為筆

者研究的題材。雖然本書的部分內容曾發表於國內期刊，不過，在出版專書之前，本書幾乎是大幅改寫，各章節與原碩士論文在架構和書寫文脈上已迥然不同。本書書名是筆者反覆思量下的取捨決定，而以「太平洋戰爭」為時間斷限，則是最契合筆者所關懷的題旨。

回顧學史之路的多荊與浮沉，也曾試圖做一名歷史學的逃兵，期間的沉潛養晦，師長們的春風化雨，使我不敢懈怠。吳翎君、劉維開老師兩位指導老師始終在學術和生活上予以關心和支持，是我繼續努力向前的動力。翎君老師不僅在課堂上給予我相當大的啟發，課後的對談與討論也使我能夠從歷史線索中釐清研究途徑。我在兩位老師身上所感受到的寬廣心胸與嚴謹的治學態度，是我一生都應追求與學習的典範。我更要向論文口試委員李君山老師敬表謝忱，君山老師專精淵博的學識，給予我諸多中肯深切的建議。

其次，感謝國史館良好的研究環境與資源，讓筆者能夠在公餘之暇修改碩士論文，也感謝館內諸位長官、老師、學長姐及學友們的教導與指正。由衷感謝張力老師、陳進金老師、陳鴻圖老師、蔣竹山老師給我的學術啟蒙，特別感謝呂芳上老師、林桶法老師、楊維真老師、蘇聖雄助研究員提供筆者各類檔案資訊。感謝師大歷史學系眾位師長的指教。此外，學史之路的夥伴亦豐富了沿途的風景，政大歷史系的同學、學長姐的相互砥礪，共同驅策向前。

本書榮獲國家發展委員會檔案管理局的獎勵，並蒙國父紀

念館評選出版碩士論文獎勵，且由秀威出版，筆者感到不勝光榮。國父紀念館學術審查委員的意見，除了指出若干錯誤外，並提供極具專業與建設性的修改意見，而秀威委請專家學者進行的學術著作審查，則使本書比原論文有更好的呈現，俾使全書更加臻備，在此筆者要致上最大的謝意。在此也特別感謝秀威編輯群的協助，她們的專業及細心，讓本書得以順利出版；尤其感謝伊庭主編包容筆者提出的各種要求與想法。

再來要向軍史研究的前輩先進們致敬，國防部政務辦公室史政編譯處、中華軍史學會、中華民國航空史研究會、中華飛虎研究學會、朱力揚老師、劉守仁老師、郭冠麟老師、李適彰老師、劉文孝老師、劉永尚老師、翟永華老師、盧維明老師、黃祖申老師等前輩給予的諸多見解，令我獲益匪淺。特別感謝周皓瑜將軍無私提供珍貴的歷史檔案，也感謝于培信秘書的細心協助。

最後要感謝的是親愛的家人們，謹將本書獻給父親陳吉祥先生、母親盧秀英女士。雖然他們總笑筆者是百無一用的書生，但父親的堅強與母親的韌性，永遠是驅策我向前的最大力量，也因為有他們無限的支持，筆者才可以肆意翱翔於學術的天空。

筆者學力有限，書中諸多舛誤，尚祈方家不吝批評指正。

陳頌閎

2023 年 8 月 13 日

讀歷史155　史地傳記類　PC1066

飛上青天
——太平洋戰爭時期中美軍事合作下的航空教育
（1941-1945）

作　　　者／陳頌閔
責任編輯／鄭伊庭
圖文排版／黃莉珊
封面設計／王嵩賀

發　行　人／宋政坤
法律顧問／毛國樑　律師
出版發行／秀威資訊科技股份有限公司
　　　　　114台北市內湖區瑞光路76巷65號1樓
　　　　　電話：+886-2-2796-3638　傳真：+886-2-2796-1377
　　　　　http://www.showwe.com.tw
劃撥帳號／19563868　戶名：秀威資訊科技股份有限公司
　　　　　讀者服務信箱：service@showwe.com.tw
展售門市／國家書店（松江門市）
　　　　　104台北市中山區松江路209號1樓
　　　　　電話：+886-2-2518-0207　傳真：+886-2-2518-0778
網路訂購／秀威網路書店：https://store.showwe.tw
　　　　　國家網路書店：https://www.govbooks.com.tw

2023年9月　精裝版
定價：390元
版權所有　翻印必究
本書如有缺頁、破損或裝訂錯誤，請寄回更換

讀者回函卡

國家圖書館出版品預行編目

飛上青天 : 太平洋戰爭時期中美軍事合作下的航
空教育(1941-1945)/陳頌閔著. -- 一版. -- 臺
北市 : 秀威資訊科技股份有限公司, 2023.09
　　面；　公分. -- (史地傳記類)
BOD版
ISBN 978-626-7346-26-6(精裝). --
ISBN 978-626-7346-25-9(平裝)

1.CST: 空軍 2.CST: 航太教育 3.CST: 軍事史

598.92　　　　　　　　　　112014749